中国重要农业文化遗产系列读本

闵庆文　邵建成　◎丛书主编

广西龙胜

GUANGXI LONGSHENG LONGJI TITIAN XITONG

龙脊梯田系统

卢　勇　唐晓云　闵庆文　主编

中国农业出版社

农村读物出版社

图书在版编目（CIP）数据

广西龙胜龙脊梯田系统 / 卢勇，唐晓云，闵庆文主编 . —北京：中国农业出版社，2017.8
（中国重要农业文化遗产系列读本 / 闵庆文，邵建成主编）
ISBN 978-7-109-22622-7

Ⅰ . ①广… Ⅱ . ①卢… ②唐… ③闵… Ⅲ . ①梯田—农业系统—广西 Ⅳ . ① S157.3

中国版本图书馆CIP数据核字（2017）第008722号

中国农业出版社出版

（北京市朝阳区麦子店街18号楼）

（邮政编码 100125）

责任编辑 黄曦

北京中科印刷有限公司印刷 新华书店北京发行所发行
2017年8月第1版 2017年8月北京第1次印刷

开本：710mm×1000mm 1/16 印张：12.25
字数：240千字
定价：49.00元
（凡本版图书出现印刷、装订错误，请向出版社发行部调换）

编写委员会

丛 书 主 编：闵庆文　邵建成

主　　　编：卢　勇　唐晓云　闵庆文

副 主 编：吴永合　石腾龙　杨桂姬　梁德峰

　　　　　　杨玄敏　陆　强

编　　　委（按姓名笔画排序）：

　　　　　　丁嘉伦　韦国花　白虎成　朱丽南

　　　　　　李宏华　李俊杰　陈园园　陈　超

　　　　　　严火其　吴日益　吴海华　沈雨珣

　　　　　　俞建飞　封　睿　高亮月　展进涛

　　　　　　伽红凯　焦雯珺

丛 书 策 划：宋　毅　刘博浩　张丽四

序言一

我国是历史悠久的文明古国，也是幅员辽阔的农业大国。长期以来，我国劳动人民在农业实践中积累了认识自然、改造自然的丰富经验，并形成了自己的农业文化。农业文化是中华五千年文明发展的物质基础和文化基础，是中华优秀传统文化的重要组成部分，是构建中华民族精神家园、凝聚炎黄子孙团结奋进的重要文化源泉。

党的十八大提出，要"建设优秀传统文化传承体系，弘扬中华优秀传统文化"。习近平总书记强调指出，"中华优秀传统文化已经成为中华民族的基因，植根在中国人内心，潜移默化影响着中国人的思想方式和行为方式。今天，我们提倡和弘扬社会主义核心价值观，必须从中汲取丰富营养，否则就不会有生命力和影响力。"云南哈尼族稻作梯田、江苏兴化垛田、浙江青田稻鱼共生系统，无不折射出古代劳动人民吃苦耐劳的精神，这是中华民族的智慧结晶，是我们应当珍视和发扬光大的文化瑰宝。现在，我们提倡生态农业、低碳农业、循环农业，都可以从农业文化遗产中吸收营养，也需要从经历了几千年自然与社会考验的传统农业中汲取经验。实践证明，做好重要农业文化遗产的发掘保护和传承利用，对于促进农业可持续发展、带动遗产地农民就业增收、传承农耕文明，都具有十分重要的作用。

中国政府高度重视重要农业文化遗产保护，是最早响应并积极支持联合国粮农组织全球重要农业文化遗产保护的国家之一。经过十几年工作实践，我国已经初步形成"政府主导、多方参与、分级管理、利益共享"的农业文化遗产保护管理机制，有力地促进了农业文化遗产的挖掘和保护。2005年以来，已有11个遗产地列入"全球重要农业文化遗产名录"，数量名列世界各国之首。中国是第一个开展国家级农业文化遗产认定的国家，是第一个制定农业文化遗产保护管理办法的国家，也是第一个开展全国性农业文化遗产普查的国家。2012年以来，农业部分三批发布了62项"中国重要农业文化遗产"，2016年发布了28项全球重要农业文化遗产预备名单。2015年颁布了《重要农业文化遗产管理办法》，2016年初步普查确定了具有潜在保护价值的传统农业生产系统408项。同时，中国对联合国粮农组织全球重要农业文化遗产保护项目给予积极支持，利用南南合作信托基金连续举办国际培训班，通过APEC、G20等平台及其他双边和多边国际合作，积极推动国际农业文化遗产保护，对世界农业文化遗产保护做出了重要贡献。

当前，我国正处在全面建成小康社会的决定性阶段，正在为实现中华民族伟大复兴的中国梦而努力奋斗。推进农业供给侧结构性改革，加快农业现代化建设，实现农村全面小康，既要借鉴世界先进生产技术和经验，更要继承我国璀璨的农耕文明，弘扬优秀农业文化，学习前人智慧，汲取历史营养，坚持走中国特色农业现代化道路。《中国重要农业文化遗产系列读本》从历史、科学和现实三个维度，对中国农业文化遗产的产生、发展、演变以及农业文化遗产保护的成功经验和做法进行了系统梳理和总结，是对农业文化遗产保护宣传推介的有益尝试，也是我国农业文化遗产保护工作的重要成果。

我相信，这套丛书的出版一定会对今天的农业实践提供指导和借鉴，必将进一步提高全社会保护农业文化遗产的意识，对传承好弘扬好中华优秀文化发挥重要作用！

农业部部长

2017年6月

序言二

自有人类历史文明以来，勤劳的中国人民运用自己的聪明智慧，与自然共融共存，依山而住、傍水而居，经过一代代努力和积累，创造出了悠久而灿烂的中华农耕文明，成为中华传统文化的重要基础和组成部分，并曾引领世界农业文明数千年，其中所蕴含的丰富的生态哲学思想和生态农业理念，至今对于国际可持续农业的发展依然具有重要的指导意义和参考价值。

针对工业化农业所造成的农业生物多样性丧失、农业生态系统功能退化、农业生态环境质量下降、农业可持续发展能力减弱、农业文化传承受阻等问题，联合国粮农组织（FAO）于2002年在全球环境基金（GEF）等国际组织和有关国家政府的支持下，发起了"全球重要农业文化遗产（GIAHS）"项目，以发掘、保护、利用、传承世界范围内具有重要意义的，包括农业物种资源与生物多样性、传统知识和技术、农业生态与文化景观、农业可持续发展模式等在内的传统农业系统。

全球重要农业文化遗产的概念和理念甫一提出，就得到了国际社会的广泛响应和支持。截至2014年年底，已有13个国家的31项传统农业系统被列入GIAHS保护名录。经过努力，在2015年6月结束的联合国粮农组织大会上，已明确将GIAHS工作作为一项重要工作，纳入常规预算支持。

中国是最早响应并积极支持该项工作的国家之一，并在全球重要农业文化遗产申报与保护、中国重要农业文化遗产发掘与保护、推进重要农业文化遗产领域的国际合作、促进遗产地居民和全社会农业文化遗产保护意识的提高、促进遗产地经济社会可持续发展和传统文化传承、人才培养与能力建设、农业文化遗产价值评估和动态保护机制与途径探索等方面取得了令世人瞩目的成绩，成为全球农业文化遗产保护的榜样，成为理论和实践高度融合的新的学科生长点、农业国际合作的特色工作、美丽乡村建设和农村生态文明建设的重要抓手。自2005年"浙江青田稻鱼共生系统"被列为首批"全球重要农业文化遗产系统"以来的10年间，我国已拥有11个全球重要农业文化遗产，居于世界各国之首；2012年开展中国重要农业文化遗产发掘与保护，2013年和2014年共有39个项目得到认定，成为最早开展国家级农业文化遗产发掘与保护的国家；重要农业文化遗产管理的体制与机制趋于完善，并初步建立了"保护优先、合理利用，整体保护、协调发展，动态保护、功能拓展，多方参与、惠益共享"的保护方针和"政府主导、分级管理、多方参与"的管理机制；从历史文化、系统功能、动态保护、发展战略等方面开展了多学科综合研究，初步形成了一支包括农业历史、农业生态、农业经济、农业政策、农业旅游、乡村发展、农业民俗以及民族学与人类学等领域专家在内的研究队伍；通过技术指导、示范带动等多种途径，有效保护了遗产地农业生物多样性与传统文化，促进了农业与农村的可持续发展，提高了农户的文化自觉性和自豪感，改善了农村生态环境，带动了休闲农业与乡村旅游的发展，提高了农民收入与农村经济发展水平，产生了良好的生态效益、社会效益和经济效益。

习近平总书记指出，农耕文化是我国农业的宝贵财富，是中华文化的重要组成部分，不仅不能丢，而且要不断发扬光大。农村是我国传统文明的发源地，乡土文化的根不能断，农村不能成为荒芜的农村、留守的农村、记忆中的故园。这是对我国农业文化遗产重要性的高度概括，也为我国农业文化遗产的保护与发展指明了方向。

尽管中国在农业文化遗产保护与发展上已处于世界领先地位，但比较而言仍然属于"新生事物"，仍有很多人对农业文化遗产的价值和保护重要性缺乏认识，加强科普宣传仍然有很长的路要走。在农业部农产品加工局（乡镇企业局）的支持下，中国农业出版社组织、闵庆文研究员担任丛书主编的这套"中国重要农业文化遗产系列读本"，无疑是农业文化遗产保护宣传方面的一个有益尝试。每本书均由参与遗产申报的科研人员和地方管理人员共同完成，力图以朴实的语言、图文并茂的形式，全面介绍各农业文化遗产的系统特征与价值、传统知识与技术、生态文化与景观以及保护与发展等内容，并附以地方旅游景点、特色饮食、天气条件。可以说，这套书既是读者了解我国农业文化遗产宝贵财富的参考书，同时又是一套农业文化遗产地旅游的导游书。

我十分乐意向大家推荐这套丛书，也期望通过这套书的出版发行，使更多的人关注和参与到农业文化遗产的保护工作中来，为我国农业文化的传承与弘扬、农业的可持续发展、美丽乡村的建设做出贡献。

是为序。

中国工程院院士

联合国粮农组织全球重要农业文化遗产指导委员会主席

农业部全球/中国重要农业文化遗产专家委员会主任委员

中国农学会农业文化遗产分会主任委员

中国科学院地理科学与资源研究所自然与文化遗产研究中心主任

2015年6月30日

广西龙胜龙脊梯田农业系统，位于广西壮族自治区桂林市龙胜各族自治县龙脊镇龙脊山脉，东经109°32'～100°14'，北纬25°35'～26°17'，距县城22千米，距桂林市80千米。

龙脊梯田的开发历史悠久，据说可以上推到秦汉时期。有据可查的开垦历史至少有800年之久。经过数百年的时间和血汗累积，成就了今天举世瞩目的大规模的龙脊梯田群。

龙脊因山脉如龙的背脊而得名，山脉左边是桑江，右面是壮族和瑶族先人开凿的梯田，即龙脊梯田。龙脊梯田核心保护区内梯田面积约为5 263亩[①]，规模较大，主要包括平安壮寨梯田、龙脊古壮寨梯田和金坑红瑶梯田三大片区。龙脊梯田作物种质资源丰富、景观雄伟壮丽，是我国各民族和谐共处的典范，多次成为我国的国家名片出现在全球各重要媒体的显著位置。这片梯田是当地先民发挥聪明才智，利用自然、改造自然的一大创举和留给后人的宝贵遗产。

① 亩为非法定计量单位。1亩≈666.67平方米。——编者注

当代龙脊人秉承"保护优先、科学恢复、合理利用、持续发展"的基本原则，通过不懈努力，把龙脊梯田建设成为一个集稻作文化、民族文化、建筑文化和湿地文化于一体的全球重要农业文化遗产地，成为自然与人文和谐共存的典范。

春来水满田畴，夏至佳禾吐翠，金秋稻穗沉甸，隆冬雪兆丰年。阳光秀水、蓝天白云、森林梯田，龙脊各族人民用勤劳与智慧为后人留下了宝贵遗产。2014年龙脊梯田农业系统成功入选中国重要农业文化遗产（China-NIAHS），目前，当地政府和人民正在积极申报全球重要农业文化遗产（GIAHS）。我们相信，随着对重要农业文化遗产价值及保护重要性的认识不断深化，龙脊梯田将得到更好的保护和利用，并将向世界展示更多中国古老梯田的农耕文明与智慧，完美体现龙脊各族儿女的灿烂文化和民俗风情。

本书是中国农业出版社生活文教分社策划出版的"中国重要农业文化遗产系列读本"之一，旨在帮助广大读者更好地了解龙脊梯田这一天人合一、人美物丰的山野遗珍，提高全社会对农业文化遗产及其价值的认知和保护意识。

全书包括以下部分：引言介绍了龙脊梯田的概况；"盘山而上的梯田"这章阐述了龙脊梯田农业系统的地理、历史渊源；"水从何处来"这部分分析了龙脊梯田农业系统的形成原因和生态系统，包括气候、水源、土壤与岩石、森林、高山沼泽、梯田开垦等自然和人力的因素；"梯田景观与古村寨"这章介绍了龙脊梯田地区的主要古寨和经典景观；"吊脚楼里的五彩民族"这章介绍的是当地的主要民族和服饰、节庆等风俗习惯以及当地各族和睦共处的基础——乡规民约；"云雾中的楼阁"这部分则介绍了龙脊特有的建筑文化；"丰饶独特的物产"整章介绍了当地以"龙脊四宝"为主的独特物产；"诗词歌赋里的龙脊梯田"这部分选录了多篇当代文人墨客讴歌描写龙脊梯田的优美篇章。"留住这片壮美的梯田"这章分析了当前龙脊梯田存在的一些问题及未来的应对措施。"附录"部分介绍了遗产地旅游资讯、特色美食、遗产保护大事记及全球、中国重要农业文化遗产名录。

本书是在龙脊梯田农业文化遗产申报文本、保护与发展规划的基础上，经过进一步调研后编写完成的，是集体智慧的结晶。全书由卢勇、唐晓云、闵庆文设计框架，卢勇、唐晓云、闵庆文、沈雨珣、封睿、李宝华等统稿。硕士研究生朱丽南、博士生丁嘉伦参与了本书第一、第二章部分内容的编写，严火其、陈超、展进涛、伽红凯等参与本书其余章节的编写工作。本书编写过程中，得到了桂林理工大学旅游学院院长吴忠军教授、龙胜县吴永合县长、县农业局杨玄敏局长、石俊龙局长、县旅游局陆强副局长，以及白虎成、吴海华、韦国花、李俊杰、吴日益等当地部门领导、同志的帮助支持，本书封面用图由石团兵先生提供，在此一并表示感谢！同时还要感谢中国科学院地理资源与科学研究所的袁正博士、焦雯珺博士等对书稿的不厌其烦的沟通与友好建议！

由于作者水平有限，加之时间仓促，本书难免存在不当甚至谬误之处，敬请专家、读者批评指正！

编者

2016年9月16日

　　位于我国广西桂林十万大山深处的龙胜县龙脊梯田被誉为"一个离仙境更近的地方"，到过此地的人无不为之震撼，流连忘返。在这里，我们不仅能够目睹绵延壮丽的"天梯美景"，更能走进少数民族的生活中，体验古老而又传统的生活状态和文化底蕴。在这里，梯田不仅仅是一种耕作方式，更是我国桂北地区多民族文化的载体、风情的摇篮。龙脊梯田农业系统主要有以下四大特征：

　　1. 灿烂悠久的开发历史。唐宋时期，梯田得到大规模开发，南宋著名诗人张孝祥《过兴安呈张仲钦》记载，当地在南宋时期就已经开始使用筒车提水灌溉梯田中所种稻谷。至明清时期，龙脊梯田基本达到现有规模，经过千百年的时间洗礼和历代先祖的血汗累积，一座座山坡，化为层层叠叠、如诗如画的大规模的梯田群。

　　2. 丰富多彩的种质资源。龙脊地区沟壑纵横，梯田海拔最高为1 850米，最低为300米，森林覆盖率78.1%，山顶基本都是原始森林区域，乔、灌、草森林植被类型丰富，形成了当地梯田区加森林区的动态的生态平衡系统。其中有国家一级保护植物2种，国家一级保护野生动物2种；国家二级保护植物6种，国家二级保护动物29种。经过当地壮、瑶族先民的辛苦栽培选育，同时由于处于独特而相对封闭的环境下，区域内还形成了30多种具有地域特色的农业物种资源，如龙脊香米、龙脊辣椒、龙脊茶、凤鸡、翠鸭等品种，均已被农业部认定为"国家地理标志农产品"。

3. 雄壮秀丽的梯田景观。龙脊梯田景区四季分明，山区立体气候十分明显。连片梯田最大高差860多米，高山深谷之间的梯田层级最多达1 100多级，使龙脊梯田周边远有高山云雾、近有河谷急流，形成了世界一绝的自然生态景观。整个龙脊梯田区域内山清水秀，瀑布成群。春如层层银带，夏滚道道绿波，秋叠座座金塔，冬似群龙戏水，四季各有神韵，加上独具特色的民族风情与历史底蕴，美景数不胜数，令人流连忘返。

4. 独具特色的浓郁民族文化。两千多年来，龙脊梯田已融入了当地居民的生活、饮食、习俗、婚丧嫁娶等各个方面，形成了别具特色的地域民族文化。这里保存着以梯田农耕为代表的稻作文化、以"白衣"为代表的服饰文化、以干栏民居为代表的建筑文化、以碑刻和石板路为代表的石文化、以铜鼓舞和弯歌为代表的歌舞文化、以寨老制度为代表的民族自治文化和以"龙脊四宝"为代表的饮食文化，是广西北部多民族融合的典型代表。这些地方文化遗存与梯田一同构成了龙脊梯田独特而丰富的人文资源。

由于经济发展的压力，资源被过度索取，农业物种、森林、水等资源等逐渐减少。龙脊景区日益增多的游客量给区内水资源和生态造成巨大的压力，连续出现用水紧张、水质恶化等情况，梯田垮塌现象频频出现。当地的野生动植物品种面临着外来物种的威胁，这使得农业生物基因资源丧失严重，生态环境遭到破坏。旅游业的快速发展和农业生产效益不断降低，导致很多年轻劳动力放弃对梯田的管理，积极从事获利较大的第三产业，传统的生产方式及文化生活状态受到冲击。

如果任这种状态发展下去，那么龙脊梯田将面临着逐步消失的危险。因此，有效保护和合理利用龙脊梯田已经迫在眉睫，保护龙脊梯田，同时也要保护龙脊梯田的文化空间、文化载体以及载体共存的文化创造力。目前龙脊各族儿女正依托龙脊梯田农业系统建设更美好的家园，同时敞开怀抱，期待全球关心和喜爱农业文化遗产的人士来到龙脊共赏美景，共创龙脊梯田的美好未来。

一

盘山而上的梯田

广西龙胜龙脊梯田系统

（一）
谜一样的稻作起源

作为世界上最重要的粮食作物之一，水稻的驯化和栽培历史，也是一部人类文明发展史。对亚洲人而言，水稻就显得更加重要了。全世界约90%以上的稻米产于亚洲，且集中在东亚、东南亚和南亚这三大地区。全世界的大米消费也集中在亚洲，中国、印度和印度尼西亚三国大米消费占了全球的六成左右，故水稻亦有"亚洲的粮食"之称。

我国是世界上水稻种植面积第二大、稻谷产量最高的国家。水稻播种面积仅次于印度，约占全世界的1/6。稻谷产量约占世界总产量的三成，居世界第一。根据国家统计局发布的数据，2015年我国稻谷产量

水稻（温耀翔/摄）

20 824.5万吨，播种面积30 213.2千公顷，连续12年实现稻谷种植面积和产量持续增长。近几年，中国成为第一大稻米进口国。正因如此，探索水稻的起源，对于中国甚至全世界的生物学者和人文学者而言都具有重要意义。

关于稻作的起源至今仍然是一个谜。自古以来，世界各地的主要民族都有关于水稻起源的神话传说和历史记载。我国《史记·夏本纪》记载，禹"令益予众庶稻，可种卑湿"，记述的就是伯益受命向老百姓发放稻种的事。但故事终归是故事，水稻的起源终究还是需要有科学的依据来印证的。

最先利用近代科学技术探讨水稻起源的科学家是瑞士植物学家A.德堪多（De Candolle）。他利用植物自然分类学、植物地理学、古生物学和历史学等方法来验证作物起源的地点，提出了中国、亚洲西南和埃及至热带非洲等3处地点是人类最初驯化植物的地区，后又在其1882年出版的著作《栽培植物起源》中提出中国与孟加拉一带是亚洲普通栽培稻的故乡。苏联植物学家和农学家Н.И.瓦维洛夫（Vavilov）利用细胞遗传学研究作物的起源。1935年，瓦维洛夫（Vavilov）出版了《主要栽培植物的世界起源中心》，将"水稻"归属在"印度—热带亚洲区"内。他认为，印度是水稻的故乡，因为印度栽培水稻的变种组成在世界上最丰富。受瓦维洛夫思想的影响，日本学者渡部世忠提出著名的"萨姆·云南说"，认为稻作起源于印度东部的阿萨姆与中国云南之间。因为这两处地方集粳稻、籼稻、陆稻、浮稻，以及介于这些稻种之间的中间稻类，还有野生稻，所有稻作于一地。第二次世界大战以后，美国芝加哥大学W.F.利比教授发明了放射性碳素断代法（又称为"碳十四断代法"），使得考古发现能够确定年代，世界稻作起源中心的研究进入一个崭新的阶段。

碳十四断代法（放射性碳素断代法）

碳十四断代法，又称为碳十四年代测定法或放射性碳定年法（Radiocarbon Dating），是一种根据碳十四衰变程度来计算样品大概年代的测量方法。这种方法通常用来测定古生物化石的年代。

碳十四是一种具有放射性的同位素，于1940年首次被发现。1949年，美国加州大学伯克利分校的化学家威拉得·利比（Willard Frank Libby）博士用碳十四发明了碳十四断代法，他因此获得了1960年诺贝尔化学奖。

自然界中碳元素有三种同位素，即稳定同位素^{12}C、^{13}C和放射性同位素^{14}C，碳十四的半衰期高达5 730年。生物体在活着的时候会因为呼吸和进食等活动持续不断地吸收碳十四，使机体内的碳十四与碳十二比值最终达到与环境一致，并保持在一定水平。当生物体死亡时，碳十四摄入停止，其组织内的碳十四开始衰变，遗体中的碳十四与碳十二的比值就会发生变化。通过测定碳十四与碳十二的比值就可以测定该生物的死亡年代了。

资料来源：根据《碳十四测年及科技考古论集》整理

20世纪70年代中国浙江余姚河姆渡遗址的挖掘成为这个新阶段划时代的标志。距今约7 000年河姆渡出土了大量原始栽培稻及其生产工具，河姆渡原始稻作农业的发现在学术界树立了中国栽培水稻是从本土起源的观点，意识到中国可能是世界上最早的稻作起源地或者起源地之一，轰动了世界。根据这一方法，人们对出自印度恒河流域的马哈嘎拉（Mahagara）遗址陶片中发现的稻谷遗存进行了碳十四测定，测定的年

稻谷堆积

稻谷

河姆渡遗址稻谷（河姆渡遗址博物馆/提供）

代分别是公元前6570±210年，公元前5440±185年和公元前4530±185年。这一发现推动稻作起源的"多中心论"的形成。

20世纪80年代以后，中国又陆续发掘了一些含有水稻遗存的古老遗址。这些遗址包括湖南澧县彭头山（1988年）、湖南道县玉蟾岩（1993年），广东英德牛栏洞（1996年）、江西万年仙人洞（1999年）和浙江浦江上山（2000年），等等。其中，湖南道县玉蟾岩遗址和江西万年仙人洞出土的炭化稻谷被定年为约1.2万年前。近1万年前的上山遗址更是出土了大量稻壳。因此，中国南方很有可能是已知最早驯化水稻的地区。中国水稻研究奠基人丁颖极力主张水稻原产中国。

20世纪后期，分子生物学技术逐渐普及，DNA分析成为生物分类学和生物地理学研究的新手段。日本学者佐藤洋一郎（さとうよういちろう）对籼稻、粳稻和野生稻的DNA片段做了类似亲子鉴定的分析。结果表明，粳稻起源于中国，籼稻起源于印度，后来才传到中国南方。中国学者也用DNA做了类似的研究，有力地支持了籼、粳稻各自独立起源的观点。2011年，美国圣路易斯华盛顿大学的芭芭拉·沙尔（Barbara A. Schaal）和纽约大学的迈克尔·普鲁加南（Michael D. Purugganan）联合开展了一项更大规模、更严密的DNA研究。最终得出的结论是：栽培稻是单次起源，起源时间很可能在8 500年前，粳稻和籼稻的分化要晚至3 900年前，粳稻和籼稻的亲缘关系比现存野生稻居群的亲缘关系还要近。DNA的研究结果和考古证据吻合，由此可推论，野生稻最早在长江中下游地区驯化为粳稻，之后传到印度，通过与野生稻的杂交在恒河流域转变为籼稻，最后再传回中国南方。这是目前所知的最可靠的水稻起源图谱。

（二）

梯田稻作的全球环视

梯田是在丘陵山坡地上沿等高线方向修筑的条状阶台式或波浪式断

面的田地，是山地农业文明的重要组成。占陆地面积50%左右的山区，是天然的动物和植物乐园。生活在那里的人们，用他们的智慧克服重重困难改造着世界，创造自己美好的生活。

　　根据记载，梯田在史前时期已经出现，其雏形是人们清除森林或小山顶后用来种植粮食或者作为防御工事。后来，随着人口增加，山区可用来种植粮食的平地不能满足人们的需求，便逐渐成为一种集约利用山地的成熟方式，广泛发展起来，至今已维系了2 000多年。梯田通风透光条件好，有利于作物生长和营养物质积累，蓄水、保土、增产作用显著，能有效解决山区作物种植平地匮乏的问题。所以说，梯田稻作农业系统的产生是劳动人民对生存环境适应性调试的产物。

云雾中的梯田（何希/摄）

1. 梯田的全球分布

梯田广泛分布于世界许多地区。中国、日本、印度、菲律宾、韩国、法国，以及北非、地中海沿岸、中美洲等国家和地区都有梯田。菲律宾依富高梯田、瑞士拉沃葡萄园梯田和中国哈尼梯田是其中的杰出代表，被称为世界三大梯田。它们分别于1995年、2007年和2013年入选联合国教科文组织的世界文化遗产名录，依富高梯田和红河哈尼梯田还分别于2005年和2010年被联合国粮农组织列为全球重要农业文化遗产。其他较为著名的梯田还有中国的广西龙脊梯田、湖南紫鹊界梯田，印尼的巴厘岛德格拉朗梯田，尼泊尔的高山梯田，不丹的幸福之道梯田和秘鲁的马丘皮克丘梯田。

2. 世界梯田分类

梯田不仅是人们用于种植粮食的田地，还是形式多样、形态优美的山地艺术。人们修筑梯田的形式，会根据自然地理条件、土地利用方式和耕作习惯等的差异，各有不同。最常用的分法是按断面坡度不同来分，可分为阶台式梯田、波浪式梯田和复式梯田。综合各种资料，梯田其他的分类方法还有许多种。按田坎建筑材料分类，可分为土坎梯田、石坎梯田、植物田坎梯田。按土地利用形式分类，可分为水稻梯田、果园梯田、茶林梯田等。以灌溉与否分类，则可分为旱地梯田、灌溉梯田。按施工方法分类，有人工梯田、机修梯田。

（1）阶台式梯田

阶台式梯田也称为台阶式梯田，是指在坡地上沿等高线修筑成逐级升高的阶台形的田地。阶台式梯田又可分为水平梯田、坡式梯田、反坡梯田、隔坡梯田四种，主要分布在亚洲的中国、日本及东南亚各国人多地少的地区。

水平梯田的田面呈水平，面积较大，适宜种植水稻、果树等。坡式梯田是顺坡向每隔一定间距沿等高线修筑地埂而成的梯田，需要逐年耕翻、径流冲淤并加高地埂，使田面坡度逐年变缓，最终成水平梯田，是一种过渡的形式。反坡梯田的田面则微向内倾斜，能增加田面蓄水量，使暴雨时过多的径流由梯田内侧安全排走，适合栽植旱作和果树。隔坡梯田是相邻两水平阶台之间隔一斜坡段的梯田。

阶台式梯田（何希/摄）

（2）波浪式梯田

波浪式又名软埝或宽埂梯田，是指在缓坡地上修筑的断面成波浪式的梯田。主要盛行于美国，在相邻两软埝之间仍保留原来坡面，软埝的边坡和缓，形似波浪，便于机耕，适于在缓坡地上修建。

（3）复式梯田

复式梯田是在山丘坡面上开辟的水平梯田、坡式梯田、隔坡梯田等多种形式的组合。复式梯田可以更合理地利用土地，节省工程投资、提高水土保持效益。20世纪80年代中期，我国绥德、横山县研究出了一种水平田面与削减原地面坡度的缓坡田面相结合的复式断面梯田，叫做削坡复式梯田。

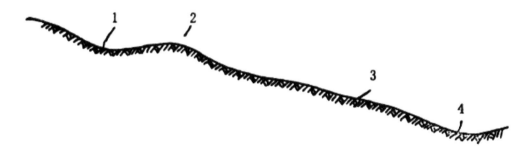

1. 截水沟；2. 软埝；3. 田面；4. 原地面

波浪式梯田断面示意图

（三）
我国梯田历史溯源

1. 我国梯田的历史

我国是世界上最早修筑梯田的国家之一。早在春秋战国时期，我国就已经有大规模治山活动的记载。《诗经》中有"瞻彼阪田，有菀其特"。"阪田"就是山坡上的田。这大概是最早的梯田，或者至少是进行过土地加工的山坡地了。《尚书·禹贡》里就有"厥土青黎，厥田唯下上，厥赋下中三错"等记载。据有关专家推断，先秦时期我国北方应该就有了"坡式梯田"。

考古发现进一步证明了我国是世界上最早修筑梯田的国家之一。在今四川彭水县东汉时期（公元25—220年）古墓中发现的陶田图，图中陶田丘丘相接，好似鱼鳞，略呈阶梯状的田块修筑在坡地上。田块的平面形状沿等高线横向呈长条形状，专家推论应该就是梯田。

虽然梯田可能最早在春秋时期就已经出现雏形，但"梯田"一词的正式出现却是在南宋。范成大《骖鸾录》中有"出庙三十里，至仰山，缘山腹乔松之磴，甚危。岭阪之上皆禾田，层层而上至顶，名梯田"，这是描绘袁州仰山也即今日江西宜春梯田的情形，也是目前可考典籍中

"梯田"之名最早的出处。

2. 我国梯田的分布

梯田一般分布于山区、丘陵地带。我国是多山国家，农业文明历史悠久，梯田是中华农耕文明的重要组成，主要分布在西南、华南等多山地区，华中及西北的山区及丘陵地带也有分布。连片面积较大的梯田主要分布在云南、广西、贵州、湖南、江西、福建和浙江等西南、华南省份。这些区域的梯田多为水梯田，形成较早，有的还经历了几千年的历史演化。甘肃、宁夏、山西、陕西和河南等西北和华中区域也有连片面积较大的梯田分布。这一区域的梯田多为旱梯田，主要形成于近现代时期。按照分布区域不同，人们又常将我国梯田分为黄土高原梯田、云贵高原梯田和江南丘陵梯田。

（1）黄土高原梯田

黄土高原梯田主要分布在甘肃、宁夏、山西、陕西等地。这里的梯田既是治理水土流失的工程措施，又是土地改良的农业水土工程。黄土高原是地球上分布最集中且面积最大的黄土区，水资源短缺使黄土高原梯田不同于云贵高原梯田和江南丘陵梯田。受降水量等自然地理条件的影响，梯田能最大限度地补给"土壤水库"，达到利用雨水资源的目的。新中国成立后，为改良黄土高原地区土地，解决水资源短缺条件下的农作物种植问题曾推动大规模的梯田建设。20世纪60年代，是第一次大规模建设高原梯田时期。2000年之后，国家对增加耕地面积和水土保持的投入加大，老百姓尝到了修建梯田的甜头，仅甘肃省近年来就以每年超过100万亩的速度增加，主要分布在定西、天水、平凉和庆阳等地。宁夏的彭阳、隆德、西吉，山西的志丹、安塞，山西的吕梁山脉等地也有较大面积的黄土高原梯田。

（2）云贵高原梯田

云贵高原梯田主要分布在云南、贵州和广西。这里梯田的历史悠久，是当地世居民族为克服山区少平地的种植环境，历代开凿耕耘、辛勤劳作的结晶。云南哈尼梯田和广西龙脊梯田是其中的杰出代表。

哈尼梯田位于云南省哀牢山南部，因由世居于此的哈尼族人开凿而得名。哈尼梯田历经1 300多年的发展，遍布于云南红河州的元阳、红河、金平、绿春四县，总面积约100万亩。此外，在墨江、沅江等其他哈尼族聚居区也有较大规模的梯田。哈尼梯田因其"所体现的森林、水系、梯田和村寨的'四素同构'系统符合世界遗产标准，其完美反映的精密复杂的农业、林业和水分配系统，通过长期以来形成的独特社会经济宗教体系得以加强，彰显了人与环境互动的一种重要模式"，分别于2010年和2013年被列入全球重要农业文化遗产和世界文化遗产名录。

哈尼梯田（唐晓云/摄）

（3）江南丘陵梯田

江南丘陵是我国长江以南、南岭以北、武夷山以西、雪峰山以东丘陵的总称。域内低山、丘陵、盆地交错分布，以湘江、赣江流域为中心，是我国降水丰沛的地区之一。江南丘陵梯田大都分布在低山、丘陵的山坡上。人们修建梯田一是为了减少水土流失，二是为了增加土地面积。江南丘陵地区是柑橘、油茶、茶叶的主产区，江南丘陵梯田的特点体现在种植业的结构上——既有水稻种植作物，也有以种植玉米作物的农作物，间或有二者的轮茬种植。

（四）
如诗似画的龙脊梯田

1. 龙脊梯田的历史沿革

龙胜各族自治县位于广西壮族自治区桂林市东北部，地处越城岭山脉西南麓。境内梯田分布广泛，100亩以上连片梯田有320处，2 000亩以上的连片梯田有9处，泗水梯田大峡谷的连片梯田面积达9 560亩，龙脊片区连片梯田达10 734亩。梯田落差大，层级多，层级最多达1 100多级，连片梯田最大高差为860多米。龙脊梯田在龙胜梯田中连片面积最大，位于和平乡平安村龙脊山，距离龙胜县城17千米，距桂林市区80千米。其核心区域面积共66平方千米，海拔最高1 180米，最低380米，坡度大多在26°~35°，最大坡度达50°。

中南地区第一个民族自治县：
龙胜各族自治县

龙胜各族自治县地处湖南、广西两省交界处。东临兴安县、资源县，南和东南与临桂县、灵川县相连，西南与融安县接壤，西与三江侗族自治县交界，北和西北分别与湖南省通道侗族自治县毗连，北和东北与湖南省城步苗族自治县为邻。全县有林地面积178 147公顷，森林覆盖率78.82%。居住有苗、瑶、侗、壮、汉五个民族。

龙胜古称桑江，秦朝属黔中郡，西汉归武陵郡；晋至隋，属始安郡(郡治桂林)；唐龙朔二年(公元662年)置灵川县，龙胜属灵川县地；五代后，晋天福八年(公元943年)置义宁县，龙胜属义宁县地，延至明代。清乾隆六年(公元1741年)设"龙胜理苗分府"(亦称龙胜厅)，直属桂林府。民国元年(公元1912年)"龙胜厅"
改为"龙胜县"。

中华人民共和国成立后，仍称"龙胜县"，属桂林专区。
1951年8月19日实行区域自治，改称"龙胜各族联合自治区(县
级)"，1955年9月改为"龙胜各族联合自治县"，1956年12月改称
"龙胜各族自治县"，是中南地区成立的第一个民族自治县。

来源：龙胜县政府网相关内容整理

龙脊梯田历史悠久。"龙脊"一名最早的官方记载见于道光年间的
《义宁县志》。其中所载黎映斗的《龙脊茶歌》里有这样的描述："龙脊
山势真豪雄，岩关关外青龍蜒"。对于龙脊梯田的起源和发展有两种说
法。一是据《龙胜县志》记载，梯田始建于元朝，成形于明朝，完工于
清初，距今已有近700年的历史。另一说法是最新从考古学、历史学角
度考证对龙脊梯田的论证。2015年龙胜县政府组织考古学、历史学、民
族学等专家对龙胜梯田的历史进行了系统考察。专家认为龙胜所处的南
岭山地距今6 000～12 000年前就出现了原始栽培粳稻，是世界人工栽培
稻的发源地之一。综合推断，秦汉时期，梯田耕作方式在龙胜已经形
成，也就是说，龙胜梯田距今至少有2 300多年的历史。唐宋时期龙胜
梯田得到大规模开发，明清时期基本达到现有规模。

《岭表纪蛮》中的龙脊梯田

广西著名学者刘锡蕃在其《岭表纪蛮》中描述了广西各少数
民族的耕作方式，还对龙脊梯田开垦与种植技术有详细描述："蛮
人即于森林茂密山溪物流之处，垦开为田。故其田畴，自山麓以
至山腰，层层叠叠而上，成为细长之阶梯形。田塍之高度，几于
城垣相若，蜿蜒屈曲，依山萦绕如线，而烟云时常护之。农人叱
犊云间，相距咫尺，几莫知其所在。汉人以其形似楼梯，故以
'梯田'名之。此等'梯田'，其开垦所需工程，甚为浩大。其地
山高水冷，只宜糯谷。春耕既届，蛮人即开始工作，其犁田，不
用牛，以锄翻土，纯任人力为之。在农业史进化之程序上，最初

原用锹锄，其后乃用犁，今蛮人犹固守最苦之锄耕形式，一方固由其顽固不化；一方亦由其田面太小。不适于牛之旋转也。邻黔诸蛮，间亦采用'耦耕'方式，即以二人负犁平行，代牛而耕，一人执犁以随其后，其艰苦尤不可言！"

来源：刘锡蕃，《岭表纪蛮》，上海商务印书馆，1934年版

从广义上来说，龙脊梯田应该叫龙胜梯田。但现在我们所说的龙脊梯田多指龙脊梯田核心保护区，包含龙脊寨（壮族）、平安寨（壮族）、中六寨（瑶族）、大寨（瑶族）、田头寨（瑶族）、小寨（瑶族）等若干村寨。它是一个规模宏大的梯田群，共分为金坑大寨红瑶梯田、平安壮族梯田、龙脊古壮寨梯田。因世居民族主要有壮族和瑶族，这里除了有线条行云流水，规模磅礴壮观，气势恢弘的梯田外，还有浓郁的少数民族文化。

2. 龙脊梯田风光和民族文化

（1）旖旎的梯田风光

龙脊梯田分布在海拔300~1 100米，从流水湍急的河谷，到白云缭绕的山巅，凡有泥土的地方，都开辟了梯田。起伏的高山，蜿蜒地拾级而上，梯田宛如天梯，直入云霄。这里一年四季都美不胜收。正如人们所形容的，春来，水满田畴，如串串银链山间挂；夏至，佳禾吐翠，似排排绿浪从天泻；金秋，稻穗沉甸，像座座金塔顶玉宇；隆冬，瑞雪兆丰年，若环环白玉砌云端。这里的四季景象可以称得上人间一大奇观。国际知名的旅游指南手册 *Lonely Planet* 就收录了龙脊梯田的情况，说明龙脊梯田已为国际游客所青睐。

龙脊之春（龙胜县旅游局/提供）

龙脊之夏（龙胜县旅游局/提供）

龙脊之秋（龙胜县旅游局/提供）

龙脊之冬（龙胜县旅游局/提供）

（2）浓郁的少数民族文化

　　壮族和瑶族是龙脊梯田内主要的世居民族，民族文化元素保存完好。龙脊壮族是北壮的代表，集中在平安和金竹两寨。龙脊壮族服饰独特，有古朴的壮族民间舞蹈和完美的壮族服饰、传统习俗的壮乡民居吊脚楼，以及富有趣味的龙脊铜鼓舞、师公舞、打扁担，等等。这些浓郁的民族文化元素与梯田农业景观融为一体，使龙脊吸引了更多世界的眼光。

龙脊白衣壮劳作画面（龙胜县旅游局/提供）

龙脊白衣壮劳作画面（龙胜县旅游局/提供）

红瑶是龙脊梯田景区内的另一个主要民族，集中分布在黄洛寨。黄洛红瑶寨是"龙脊十三寨"中唯一的红瑶村寨，以女性穿红色衣服和留长发而闻名。

瑶族"六月六"晒衣节（龙胜县旅游局/提供）

传统瑶族接亲仪式（龙胜县旅游局/提供）

（五）
龙脊梯田发展现状

龙脊梯田域内主要的生产活动是旅游开发和农业生产。20世纪80年代初，龙脊梯田以其独特的人文景观和自然风光吸引了一批山外的摄影爱好者。之后，口口相传，一批批背包客成为了龙脊梯田早期的游客。一些村民逐步从为摄影爱好者提供免费住宿，到开始经营旅馆和餐饮。这一阶段龙脊梯田的村民仍以农耕为主，从事旅游经营的村民较少。随着我国旅游业的发展，这里宁静和谐的梯田风光、与世无争的人居环境，使龙脊梯田成为中外游客到桂林的首选旅游目的地。

壮族吊脚楼（秦彬/摄）

　　20世纪90年代，龙脊梯田地区开始呈现农业与旅游业并重发展的局面。90年代末期，龙胜旅游总公司与龙脊地区村民签订了旅游开发合同，进行景区经营管理权的企业化运作，龙脊景区管理开始迈上了企业化的运作管理道路。在这一阶段，政府、企业和村民合作经营景区，村民大范围投入到景区旅游经营活动中，旅游业已经成了当时的主要经济来源和居民生产活动的重要组成。整个龙脊梯田尤其是核心景区内的平安村，已经逐渐脱离了传统的农耕社会形态，转而形成了以旅游业为支柱的产业结构。梯田的角色也由过去的农耕基础，转而成为了农耕基础和旅游景观的双重角色，拓展了梯田农业系统的功能，同时各类生产民俗也被挖掘出来为旅游所用。

　　经过30多年的旅游开发，龙脊梯田已发展成了一个自然景观与人文景观相结合的风景名胜区、休闲度假旅游区和居民生产和生产区。2007年，龙脊古壮寨被评为"中国经典村落景观"，2011年又被国家文物局列入全国生态（社区）博物馆示范点。期间，金竹壮寨入选"中国景观村落"，黄洛瑶寨被誉为"天下第一长发村"。龙脊梯田地区生活的人们依托旅游业的发展，过上了幸福美好的生活。

龙胜苗族油茶敬亲人（龙胜县旅游局/提供）

瑶族长发照（龙胜县旅游局/提供）

水从何处来

二

广西龙胜龙脊梯田系统

"万山环峙，五水分流，人迹罕至"，这是对龙脊梯田形成之前原始地貌的真实写照。水是农业的命脉，龙脊梯田的水以奇特的方式贯穿于整个农业生态系统中。当地人们充分发挥他们的智慧和拼搏精神，世代相继，使森林、河流等要素彼此有机融合而成"森林—水系—村寨—梯田"四度同构、良性循环的农业生态系统。然而，水从何处来？这是我们要着力探索的问题。

（一）
气候和降水：天降之水

水是龙脊梯田农业生态系统中最重要的构成要素之一，龙脊人把水看得比生命更重要。他们认为，有了水，才会有森林；有了森林植被，才能涵养土地，形成田地；有了田地，才会有粮食；有了粮食，才会有生命。足可见，水在其中的重要作用。

龙胜桑江（龙胜县旅游局/提供）

森林—水系—村寨—梯田四度同构生态系统

下图为哈尼族梯田生态系统示意图。山顶森林可以涵养水源、保持水土；村寨位于山腰，水源充足洁净且冬暖夏凉，适宜居住；山坡梯田海拔较低，热量充足，水、肥可顺地势自流至农田，利于水稻种植。这一结构被文化生态学家盛赞为江河—森林—村寨—梯田四度同构的人与自然高度协调的、可持续发展的、良性循环的生态系统。龙脊梯田的农业生态系统与之类似。

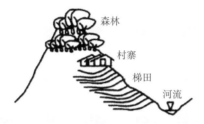

资料来源：参考闵庆文等主编的《哈尼梯田稻作系统》整理而成

1. 气候

湿热的气候和多雨的天气状况在龙脊梯田农业系统中发挥了不可替代的作用。龙脊梯田位于龙胜县龙脊镇平安村龙脊山，地处亚热带，属于亚热带季风性气候，加上来自南部地区潮湿的热带季风气候的影响和独特复杂的山地地形为梯田的形成提供了自然基础。

亚热带季风气候、
热带季风气候与副热带高压

亚热带季风气候：主要分布在南北纬22°～35°亚热带大陆东岸，它是热带海洋气团和极地大陆气团交替控制和互相角逐交绥的地带。主要分布在中国东部秦岭淮河以南、雷州半岛以北的地带，以及日本南部和朝鲜半岛南部等地。该气候区域冬季不冷，夏季较热，由于受海洋气流影响，年降水量一般在800～1 000毫米以上，属于湿润区。其降水主要集中在夏季，冬季较少。这类气候以中国东南部最为典型。

热带季风气候：主要分布于北纬10°～23°26′的亚洲大陆南岸地区，是亚洲独有气候。降水与风向有密切关系，冬季盛行来自大陆的东北风，降水少，夏季盛行来自印度洋的西南风，降水丰沛，年降水量大部分地区为1 500～2 500毫米，但有些地区远多于此数。

又称亚热带高压、副热带高气压、副热带高压脊，是指位于副热带地区的暖性高压系统。副热带高压对中、高纬度地区和低纬度地区之间的水汽、热量、能量的输送和平衡起着重要的作用。副热带高压的西部是低层暖湿空气辐合上升运动区，容易出现雷阵雨天气。

资料来源：经相关资料综合整理而成

据有关统计资料，龙胜县城年平均气温18℃。每年12月至翌年2月，为全年气温最低时期，3月份气温逐渐上升，7、8月为年气温最高月份。最热月份平均气温为25.4℃，最冷月份平均气温为7.1℃，极端最高气温为32℃，极端最低气温为-6℃。区域内夏季为东南风，冬季为西北风，一般风力1～3级，最大风力6～7级，冬季多寒冷，山区立体气候明显。

湿润的亚热带季风气候，保证了充沛的雨量供给，尤其是夏季受副热带高压的影响，形成东南季风，带来充足的降雨，使得龙脊地区的年降雨量保持在1 500～2 400毫米。其中，4～8月为丰水期，降雨量约占全年降雨量的70%～80%。但受地形、海拔高度影响，降雨时空分布不均匀。在同一纬度地带以及一定的海拔高度范围内，随着海拔的升高降水会逐渐增加。

龙脊地区多年平均蒸发量为1 264.1毫米，降雨量大于蒸发量，相对湿度为82%。年均日照时数1 225.7小时，总积温3 198℃，平均无霜期290天。

山间河流（龙胜县旅游局/提供）

2. 雾气

　　雾天在龙脊梯田区是司空见惯的。被称为"横向降水"的雾气附着在森林和植被上，顺着植物的茎秆和根系一路下渗，进入土壤，流入小溪，流向村寨和梯田。这些雾气也就成为龙脊地区重要的水分来源。

云雾缭绕的龙脊（何希/摄）

（二）

土壤和岩石：储水保水

1. 土壤

　　水稻的种植对土壤条件有很高的要求。一般来说，土层深厚，透气性好，酸碱度适中，排灌顺畅以及有机质含量高的土壤是比较理想的水稻种植区域。由于龙脊地区山地坡度一般在26°～35°，可耕地面积小，农业人口人均耕地少，可供开发利用的后备土地资源不多，因而需要开辟坡地来种植作物。据何宇珩等人的研究，龙脊地区的土质条件优越，土壤为红壤居多，成土母岩为砂页岩，土壤的垂直分布是：海拔800米以上为黄壤，500～800米为黄红壤，500米以下为红壤，以薄土层居多，表土层有机质含量丰富，土壤肥沃，适合植物生长。

红壤与pH

红壤为发育于热带和亚热带雨林、季雨林或常绿阔叶林植被下的土壤。其主要特征是缺乏碱金属和碱土金属而富含铁、铝氧化物，呈酸性红色。红壤在中亚热带湿热气候常绿阔叶林植被条件下，发生脱硅富铝过程和生物富集作用，发育成红色，铁铝聚集，酸性，盐基高度不饱和的铁铝土。

氢离子浓度指数，是指溶液中氢离子的总数和总物质的量的比，用来衡量溶液酸碱性的尺度。它的数值俗称"pH"。在25℃的温度下，当pH<7时，溶液呈酸性，当pH>7时，溶液呈碱性，当pH=7时，溶液呈中性。

资料来源：经相关资料综合整理而成

在湿润的土层上面，土壤极易发生淋滤作用促使土壤黏化，利于造田蓄水。研究表明，龙脊梯田位于温暖湿润的亚热带地区，只要具备排水好的地表和相对高差10～30米的地貌条件，就有可能发生淋滤黏化作用。淋滤和黏化过程是同时进行的。岩石机械破碎有利水分渗入，水分在岩石裂隙中移动便发生碱金属和碱土金属的淋滤作用，淋滤作用促使土壤的酸化。不同作物的生长发育要求有适宜的pH及相应的营养条件。当pH低于6.0时，土壤会处于缺磷、缺铝的状态，小麦、玉米、油菜等不耐酸的旱地作物会出现铝害，致使生长发育不良。但淋滤作用会促成岩屑进一步解体和黏化。土壤黏化将改变土壤的物理性质，使土壤具有了吸水速度快、吸水量多、失水速度慢、失水量少的特点。因此，经过淋滤黏化作用的土壤既易筑埂成田，又能蓄水保水，为稻作生产创造了良好条件。

为使梯田保持一定的水量，村民还经常用泥土或石头做成田埂。梯田田埂一般高出田面20～30厘米。田埂在提高梯田对雨水的冲刷、抗侵蚀方面效果明显。根据徐友信等人的研究，如梯田在经过夏季大暴雨后，有生物埂保护的样地和没有其保护的样地，平均损坏度分别为0.936和6.105。较小的雨水常常被拦截在梯田里，即使水量较满，村民也不会立即排水。因为刚刚下过雨，雨水冲击使得肥沃松软的泥土溶于水中。如果排水，就会带走大量肥料，使土壤失肥，土壤因此板结而变得十分贫瘠。因此，村民常常等到水变得较清时才排水。这既保持了水土，还保护了土壤的有机质。

梯田要解决好保水保土保肥问题。一方面龙脊地区的人们将田面整理成水平，使降水落于水平田面，不易形成汇流，而直接渗入成为壤中流。坡地修成水平梯田之后，改变了原有小地形，使田面变得平整，截断了原来的径流线，避免或减少了径流的产生，起到了减蚀的作用。另一方面，由于龙脊梯田特有作业面的土壤条件，土壤团粒结构丰富，含水量较高，保水性能良好，肥料不易冲刷。龙脊梯田创造了作物生长的良好土壤理化性质，使作物具备高产稳产的基础条件。

加固的田埂（龙胜县旅游局/提供　周恩平/摄）

2. 岩石

　　梯田的形成还与岩性有一定的关系。变质岩、页岩、板岩、花岗岩等分布的区域，土壤透水性低，有隔水层，形成的浅层裂隙水随处吐出，能给梯田带来丰富的水源。但石灰岩分布的地区，土壤透水性强，保水能力差，降雨很难为农业所利用，梯田就很难出现。据研究，南岭地区是我国钨、锑、锡、铋、铅和锌等重要矿产资源的传统基地，也是世界上独具特色的与大陆花岗岩有关成矿作用最为强烈的地区。龙脊地区位于南岭范围内，区域成矿地质条件优越，且岩类全、分布广，花岗岩类露出面积占本区总面积的1/5，降低了土壤中水分的流失，为水稻种植提供了更多水源。

（三）

森林植被：天然绿色水库

　　梯田缺乏平谷地带稻田所常有的江河、湖泊、溪流等丰沛且便于利用的径流，所以，除了降雨，梯田的水源还需要另辟蹊径。在漫长的发展过程中，龙脊地区的先民意识到，山林是涵养水源的天然水库。因而在开辟梯田的过程中，他们并未将林木砍伐殆尽，而是在山顶实施封山育林、严加保护的措施。这些山林对于梯田的形成至关重要，可以说，没有水源林，就没有龙脊梯田。

山腰的梯田（龙胜县旅游局/提供）

1. 丰富的植被

　　龙脊地区的气候适于多种森林植被生长。龙胜属于亚热带湿润季风性气候，又因地势较高兼具山地气候特色，是我国亚热带常绿阔叶林的中心地带。这里的森林植被类型多样，随着海拔的升高，从典型常绿阔叶林到亚热带山顶常绿阔叶苔藓矮林均有分布。据研究，龙胜地区海拔300～800米为杉木、马尾松、油菜、油桐、毛竹及众多阔叶林种。典型景观有下埠林地、五针松林，杂木丛林古树有民族村寨风水树、铁杉王和古榕树等。海拔800～1 300米，以阔叶林为主，以松杉等经济林为辅。海拔1 300～1 700米为中亚热带中山山地落叶常绿阔叶混交林。以壳斗科、木兰科、杜鹃花科阔叶林为主。海拔1 700米以上，为中亚热带常绿落叶混交林，珍贵孑遗树种有红豆杉、长柄山毛榉等。

茂密的森林（龙胜县旅游局提供周恩平/摄）

2. 天然的绿色水库

　　森林对于涵养水源、拦截雨水是至关重要的。龙脊山顶被各种乔木和灌木所覆盖，所涵养的水源成为梯田灌溉的重要源头。各种各样的植被和地上腐殖质能够拦截雨水，减缓水流速度，增强雨水向地下的渗透，形成涓涓细流流淌于山间。研究表明，中国亚热带地区的森林可以保存年降水量的1/3～1/4，森林土壤蓄水能达到每公顷641～678吨。龙胜县域森林覆盖率高达81.2%，这为森林储水提供了保证。龙脊梯田的森林和梯田的比例是2∶1，也就是说，两亩森林所拦截吸纳的水分供1亩田使用。如此大量的森林覆盖率使得山体就是一座天然水库。据统计，龙脊梯田有常年流水山涧溪流33条，将足量的降雨及森林涵养的水源引入梯田区域。龙脊梯田大多分布在山腰以下，山顶的森林保存完好。汩汩泉水从林中潺潺而下，形成了"山有多高，水有多高"的山水景观。岭上有田、田上有林的景观生态，是龙脊地区当地人民生产实践和智慧的结晶，更是人文自然与原生态自然完美契合的景观生态典范。

岭上有田，天上有林（周熠/摄）

龙脊山上茂密的竹林（卢勇/摄）

3. 半山腰的村寨

山顶植被的蓄水功能，还为山腰村寨里居民的用水提供了有利条件。村寨位于山腰，村民生活用水取自山间泉水，这些水来自于山顶森林涵养的水分，经过层层渗透和土层过滤，没有遭受任何污染。对龙胜生态环境的监测结果显示，龙胜县空气质量达国家一级标准，生活饮用水达国家水源水质一类标准。村民生活废水顺着山体向下排放，既减少了村寨周边环境的污染，又可以成为梯田灌溉用水的重要来源。人畜粪便等农家肥，顺着山势能够较容易地运到梯田以增加梯田的肥力，还能减少对村寨周边环境的污染。山顶郁郁葱葱的灌木丛，既是天然的能源宝库，还能满足村民取暖做饭对能源的需求。山顶森林中还生长着各种蘑菇、野菜、中药材、野生动物等，能够在一定程度上改善村民的饮食结构，保证营养的均衡。

山腰的壮寨（周熠/摄）

（四）

高山沼泽：另一个储水池

龙脊村的海拔已经接近最高一级的梯田，在这之上常有高山沼泽。龙脊地处崇山峻岭，几乎很少有平地，海拔高达1 500米，东西长15千米，十多个村寨分布在陡峭的山麓上。当地县志曾记载："龙胜之地纵横三百余里，龙胜处其中，四面绵长百数十里，其间崇山万叠，峭壁千寻而宽平广阔之处甚少。"特殊的气候和地理条件，使得龙脊地区从河谷到山巅白云缭绕，山间万木葱茏。据考察，在龙脊海拔最高的区域，存在多处高山沼泽，步入大片的沼泽地区常有生命危险的。这样的海拔带还存在高山沼泽，可以进一步佐证龙脊土壤惊人的保水力。

（五）

其他水源

1. 高山泉水和瀑布

石头龙是龙脊地区最高处的泉眼，石头龙泉眼流出的泉水灌溉了龙脊地区的梯田，养育了祖祖辈辈的龙脊人。人们在这里修筑了凉亭和石碑，用以祭祀给他们带来生命和希望的泉水，还将涌泉之处修筑成了龙的样子。

除了高山上的泉水，这里还有一泻千里的瀑布。最著名的是花坪红滩大瀑布，它位于临桂、龙胜两县交界处的花坪国家自然保护区内，水流落差可达60米，瀑布悬空而来，如九天脱兔飞流直下，直跃瀑底水潭中心，激得风雷滚滚，海啸山呼，引出滔天大浪，霓虹高悬。水落之处雪涛翻腾，冷风席卷，惊心动魄，无人敢近。瀑布下的水潭，直径达60米，清澈见底。

2. 河流

龙胜河流众多，大小河流达到480条之多，由于山区的地形特点，河流滩多水急，落差大，蕴藏着丰富的热能资源。由于受季风影响，雨量充足，河溪众多，水系发育，流泉飞泻，青山绿水相得益彰，即使遇到干旱之年，区域内照样香韵袅袅，绿影荡漾。区域内比较有名的河流是龙胜河，发源于桂、湘交界的紫金山南麓。在龙胜县境内，干流在县城以上称桑江，河长50千米。县城以下称龙胜河，河长35千米。

（六）
民谚揭示的生态奥秘

龙脊梯田又被誉为"世界梯田原乡"。这是因为在这片区域内连片100亩以上的梯田有320多处，2 000亩以上的连片梯田有9处，落差最大达860米，层级最高达1 100级。据中国社会科学院人类学专家管彦波教授介绍：龙脊梯田是世界罕见的规模最大、历史最悠久、文化最深厚、内涵最深、形态最独特的梯田，其亚热带季风气候、地形地势的层次化、古老悠久的耕作方式，加之龙脊人民的勤劳智慧，龙脊梯田农业生态系统不但保证了区域内8 000多人生计的基础，更是形成了四季分明的立体生态景观。龙脊地区地势陡峭，地形以狭长形的山地为主，平地面积小，那么先民是如何创造出这一壮丽景象和优良生态的呢？总结起来即当地百姓民谚中俗称的"山顶戴帽子，山腰围带子，山脚穿裙子"。

五彩的龙脊物产(龙胜县农业局/提供)

雨后的龙脊梯田与耦耕的农民(陈善华/摄)

　　首先，龙脊先民们充分发挥聪明才智创造了陡坡造田技术。刀耕火种，使山林成为草地。开田时将选好的紧实的土壤表层挖取泥坯（泥坯常含有草根），每砌一层泥坯，将内层填充坚固，填层充实度与非填层的紧实度相当。遇到石头，则把石头烧红后泼上冷水将其炸裂。先民们还会用溜直的楠竹打通竹节作水平仪，或用等腰三角形垂线原理，平整田块，使得每块田的高度一致。

其次，田造好之后需要引水灌溉，龙胜梯田的水源利用天下一绝，中央电视台《地理中国》栏目曾详细报道梯田的灌溉系统。龙脊梯田中，即使是最高的梯田里也蓄满了水，到处可见涓涓细流，令人称奇。

龙脊梯田先民在开山造田的时候，只利用土层深厚的山坡，这样使得山顶大量的原始森林得以保存，森林涵养了巨量的水源，水源进一步养育山坡以及森林草木，这种资源循环利用的方式使该地区的生态环境得到有效保护。这就是"山顶戴帽子"描绘的景象。"山腰围带子"说的则是世世代代的龙脊人，经年累月、栉风沐雨，使一个又一个原本丛莽芜杂的山坡，化为层层叠叠、直上山巅的梯田群落，形成蔚为壮观的生态景观。凡有涓涓水流之处，必有形状各异、大小不一的田块，一些袖珍稻田甚至犹如"斗笠"，龙脊先民对土地的精耕细作由此可见一斑，生态再造的直观形象也通过梯田景观展露无遗。

龙脊梯田的美妙曲线（石团兵/摄）

　　山顶天然的水（泉水）流下来，通过沟渠被引到一片片梯田，田畴灌满后，水继续向下流到溪流中。夏秋之际，龙脊梯田地区的大片稻田，绿漫山坡、翠滴田畴，似美女宽阔的裙摆，这就是所谓的"山脚穿裙子"。在不灌水的季节，梯田与沟渠相通的部位被堵住，山顶森林天然水库中涵养的水分，顺着松软的沙壤土质浸润而下，似人身上的毛细血管，形成了天然的渗透灌溉体系。

　　龙脊梯田地理地貌特点不适合大规模施用机械或牛耕。壮、瑶族人民再次因地制宜，采用古老的耦耕方式进行耕作。耦耕是以两人协作为特点的耕作方式，并且有父子、兄弟、夫妇耦耕等不同形式，一直沿用"女在前拉，男在后推"的方式犁田耙田，这种方式一直延续至今已近七百年，这种生产方式也影响着龙脊人民的人际关系和社会风俗。耦耕强化了龙脊寨民之间的宗族关系，形成邻里、宗族间互帮互助的风俗。现实存在的耦耕工具和耦耕场景，对于我们理解两千多年前的耦耕，理解两千多年前人们的劳动形式，理解《诗经》《周礼》等古代文献，有着重要的参考价值。"十二道农活"（挖田、碎田、犁田、耙田、扶田基、播种、插秧、耘田、耘二道田、刷田坎、捉虫、收割）的种田方法，培育了当地同禾米、香糯、红糯、黑糯、青糯、白糯等龙脊特有的水稻品种。

梯田耕作图(龙胜县农业局/提供)

　　最后，梯田的稳固性和作物的生长需要日常的保养，如果梯田长期缺水干燥，则会出现开裂的情况，突然灌大水或遇上大雨天气对改善干裂的状况也效果甚微，还可能会导致梯田崩塌。龙脊人民对梯田的保养也做得很好，有一套环保、低碳同时又非常符合龙脊实际情况的水肥循环管理系统。居住在龙脊梯田区的壮、瑶等各族人民在利用土地资源时，充分考虑当地的自然地理条件，将山体分为三段：山顶为森林，山腰建村寨，寨边及寨脚造梯田。山顶的原始森林，有利于水源涵养，使山泉、溪涧常年有水，人畜用水和梯田灌溉都有保障，同时山林中的动植物，又可为人们提供必要的肉食和蔬菜；山腰气候温和，冬暖夏凉易于人居住，宜于建村；而村下开垦梯田，既便于引水灌溉，满足水稻生长，又利于从村里运送人畜粪便施于田间。这种森林—溪流—村寨—梯田的结构实现了功能合理、自我调节能力强的养分循环模式，体现了龙脊梯田人与自然天人合一的高融合、可持续的复合农业特征。

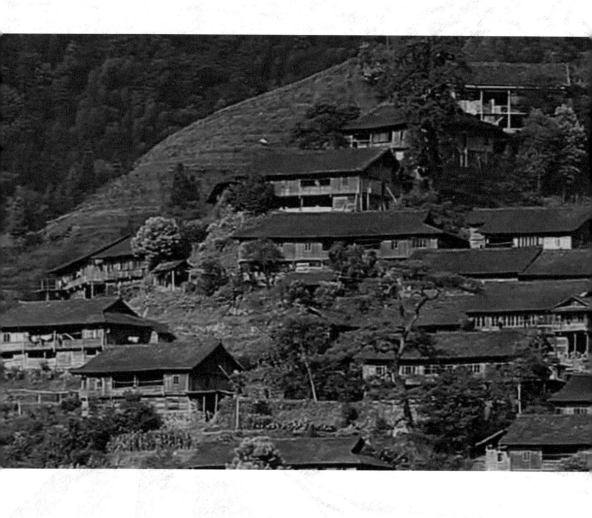

梯田景观与古村寨

三

广西龙胜龙脊梯田系统

龙脊梯田拥有让人流连忘返的巨大魅力，被誉为"一个离仙境更近的地方"，云雾缭绕下的层层阶梯铸就了这个美丽的人间仙境。在龙脊，梯田不仅仅是一种耕作方式，更是当地少数民族文化的载体、风情的摇篮。人们在这里不仅仅能够见到蜿蜒盘旋的"天梯美景"，更能走进当地少数民族的生活，去感知体验那古老神秘而又和谐幸福的生产生活场景与文化底蕴，其中金坑梯田、龙脊古壮寨、黄洛瑶寨、金竹壮寨等是该区域内的典型代表。

（一）
雄壮的金坑梯田

"龙脊"之称应源于清代，"龙脊十三寨"之说也应盛行于清代。在明代龙脊一带统称金坑（今龙脊一带在很长一段历史时期由兴安县管辖，直至1959年才划归龙胜）。也有人说龙脊应是壮语音译成，并非龙之脊梁之意。既然在秦汉时期桑江（龙胜）就有瑶族居住，并开始有农耕活动，生产方式逐步由刀耕火种向梯田耕作发展，那么龙脊一带在同一时期或晚一点也应有瑶族居住，也就是说龙脊梯田的历史最迟也应不晚于唐宋时期，距今至少有800年以上的历史。

龙脊梯田主要包括金坑（大寨）瑶族梯田观景区和平安壮族梯田观景区。金坑四周群山环绕，坐落在越城岭大山脉之中，地形就像一个巨大的天坑，因而得名。也有传说流传这样的说法：在几百年前，天庭中有一头金牛曾于此生活过，拉了很多牛粪，后来牛粪就变成了深埋在地底下的金矿，金坑梯田便由此而来。金坑梯田地区水源充足，溪流潺潺，山上植被四季常青，房屋是清一色的吊脚楼，错落有序的山寨与大山融为一体，清雅古拙，美景如画，来到金坑大有返璞归真、浑然忘我之感。

秋到金坑（龙胜县农业局/提供）

金坑梯田内民风淳朴，各民族和谐相处，人与自然构成了一幅美丽的画卷。走在寨村境内，红瑶族男男女女身着自己民族的服饰，背着竹篓在登山道来回走动，神色怡然自得，山道两侧都是红瑶族特产和工艺品，有白薯、甘薯、辣椒、水酒，也有样式丰富的银饰品、牛角梳、民族服装等。

金坑梯田里还有很多兼具历史和壮丽的景点，如金坑始祖田、千层天梯、西山韶乐、金佛顶等。金坑始祖田坐落在现在的大寨村学校门前，是红瑶祖先最早开垦最早收割的地方，金坑红瑶的祖先是从湖南洞庭、五溪一带迁徙而来，带来了种植水稻的先进技术，由此开始，金坑梯田逐渐壮大，慢慢形成了面积将近10多平方千米的农业与艺术的结晶。从梯田的远处望来，一层一层的梯田就像一道道龙鳞，把这座连绵的龙脊山装点成一条活灵活现、闪闪发光的巨龙，根据不同的季节，变幻出不同的神韵，令人陶醉。

这里的梯田分布在海拔300～1 100米，坡度大多在26°～35°，最大坡度达50°。从山脚盘绕到山顶，大山如塔，小山似螺，层层叠叠，错落有致。从高处望去，梯田的优美曲线一根根、一条条、或平行或交叉、蜿蜒如秀发、曲折似彩云，显示了动人心魄的曲线美，那起伏的、高耸入云的山，蜿蜒的梯田一级一级登上蓝天。其线条行云流水，其规模磅礴壮观，气势恢宏，故有"梯田世界之冠"的美誉。

龙脊梯田像天与地之间一幅幅巨大的抽象画。每个看见这景色的游客的心灵都会被深深地震撼，这是一种难以言表的，一种被大自然的雄奇以及人的伟力所引起的震撼。这里一年四季景观各异，春季水满田畴，串串银链山间挂；盛夏佳禾吐翠，排排绿浪从天泻；金秋稻穗沉甸，如条条金边镶山上；隆冬，瑞雪兆丰年，若环环白玉砌云端。

金坑远眺（龙胜县农业局/提供）

千层天梯景观（龙胜县农业局/提供）

千层天梯观景点是金坑梯田著名的观景点之一，可以看见层层梯田似楼梯般犹如登天的梯，层层叠叠，蜿蜒连绵，十分壮观，阳光洒下来时，梯田上金灿灿一片，仿佛圣地一般。跟随天梯穿过田头寨就是金佛顶，在这里我们可以看到"雄鹰展翅"和"金线吊葫芦"的奇观，如果天气尚好，还可以在高处欣赏落日余晖。行至梯田最高点，就是众所周知的西山韶乐观景点，因为此处是田头寨的顶端，可以俯视龙脊金坑梯田美景达50平方千米，所以这是观察日出的绝佳去处。站在梯田的最高处放眼望去，脚下层层叠叠的梯田，富有动感，组成了一个纵横捭阖、排山倒海之势的梯田群，塑造出一个彰显力与美结合的梯田世界，其雄伟粗犷之美，令人震撼。高耸入云的福平包（海拔1 918米）为龙胜第一高峰，在千层天梯景点的"西山韶乐"观景台上也能观赏到它的英姿。

（二）
浪漫凄美的"七星伴月"

平安寨附近有一处游客和摄影爱好者最热衷的地方，也是此地精华美景——七星伴月。"七星伴月"指当初开田时留下的七个小山包梯田，

"七星伴月"远观（高亮月/摄）

就像七颗闪烁的小星星一样，陪伴着山顶那块闪亮的月亮型水田，站在山顶远远望去，就像七颗星星陪伴着一轮明月，组成一幅美丽浪漫的画卷。

关于"七星追月"的来源，当地居民中流传着一个凄美的爱情故事。几百年前，王母娘娘的贴身丫鬟阿娇在桃花园赏花时发现阳光映衬下闪闪发光的水田，见此山、水、梯田三者融成一体的人间奇景，阿娇偷偷乘着七彩云霞来到此地近距离欣赏美景。不料游玩中忘记了时间，七彩云霞已经离开，阿娇因为无法回到天庭害怕得哭泣起来。瑶族后生哥阿忠无意中撞见伤心的阿娇之后，非常心疼她，并收留了她，从此以后，两人就过上了相亲相爱的朴实而幸福的生活。阿忠天天上山开山挖田，阿娇在家纺纱制衣，烧水做饭，日子过得十分甜美。后来，王母娘娘发现阿娇偷下凡间并与凡人相爱的事情后大发雷霆，急命天兵天将到凡间来捉拿阿娇。没来得及向阿忠告别，阿娇就化成一股清烟腾空而去。阿娇走后，阿忠茶不思饭不想，面容憔悴，一蹶不振。村里有一位长者告诉他："若想要再见到阿娇，唯有到高耸入云的大山福平包，那里有一条登天的路，沿路一直走到尽头，便可进入天庭见到阿娇。但山高路陡，四周是悬崖峭壁，一不小心就会丧生。"阿忠不怕悬崖峭壁，毅然决然地踏上了登天之路，但还是不幸摔下了山崖。村里人知晓后将阿忠埋在离月亮田不远的山坡上。阿娇得知阿忠已死的消息后悲痛欲绝，终日以泪洗面，她爱情的眼泪洒到阿忠的坟上，溅起了七颗晶莹的泪花，化成了七颗闪亮的星星田，自己也化身为月亮田，形成了"七星追月"这一道奇特的景观。

"七星追月"的民间传说深深地影响着村里男女老少。金坑红瑶还有一种习俗，每年农历六月六晚上，村里面的男女老少都要来到这里，沿着梯田点起层层的火把，祭拜这一对生死相依、开山造田的夫妻，祈祷风调雨顺，五谷丰登。如果哪个平安村的壮家小青年中意某位姑娘，便可偷偷地告诉她在八月十五这天去月亮田上约会，姑娘若是同意，便会准时赴约。

七块大小山包梯田，围绕着一块月亮型水梯田，微风轻轻地吹拂着青幽幽的梯田，如彩带般翩翩起舞，远处，几处独立的木屋泛起一缕缕青烟，似乎在诉说着那凄美的爱情故事。

（三）

登临金佛顶，阅尽梯田景

观赏龙脊梯田美景的绝佳去处在其最高点：金佛顶。为何叫"金佛顶"这个名字并没有一个完全统一的解释，乡民们的说法也不尽相同。有人说金佛顶得名于整座大山远远望去，就像是一尊笑眯眯的大肚弥勒佛，稳稳地端坐在梯田环抱中。有人实地考察后认为可能是这一带的梯田都是在一座座小山包上开垦而成，一座座小山包配上梯田的形状堆在一起，很像佛头上的个个肉髻。如果赶上梯田灌水，碧水蓝天，梯田在阳光照射下金光闪闪，有佛光普照之感，因而得名。

在金佛顶观景台上，我们还可以看到"凤凰回头"这个让人震撼景观，由数百条几米长的田埂叠在一起，组成了一只巨大的凤凰。它活灵活现地展现在世间，令人惊叹！此外，在金佛顶上还可以看到"金线串葫芦""雄鹰展翅"的景观。

去金佛顶的路上虽然有缆车，但若是体力允许，还是以徒步登临为妙。虽然曲折幽远，但胜在一路风景秀丽，还有在城市中难以见到的蓝天白云。再说了，无限风光在险峰，对于美景的期待可以激励游客一路前行。登临的过程中会路过整个过程关键节点——金佛顶半山腰的寨子，当地人叫大毛界。此处可见活蹦乱跳的家禽家畜：有田头悠闲散步的小鸡、警惕的小黄狗，还有不知谁家养的大肥猪。天空慢慢亮起来了，抬头就可以看见白云朵朵，山中还有着片片芦苇，在微风的吹动下荡漾，伴随着一路的水声潺潺，令人忍不住停了下来，研究了一会儿山腰上哪儿来的这么多水。源头原来是山顶上郁郁葱葱的"天然储水库"——森林，以及田间或明或暗密布的沟渠水道，龙脊先民的聪明才智与辛劳付出让人感叹不已。

不知绕过了多少山头后，终于到达了金佛顶，放眼望去，梯田铺天盖地地涌入眼帘，层层环绕，盘旋而上，一望无际，甚是壮观。远处的寨子也被周围的十万大山所包围，宛若洞天福地、神仙之府。城市生活

田间地头发达的渠系（卢勇/摄）

金佛顶远眺（卢勇/摄）

的烦闷与压力消失无踪，让人在钦佩祖先的聪明才智之余，忽生要在此隐居之感，真是"此中有真意，欲辩已忘言"。

站在金佛顶，看着太阳一点点升起来，远方渐渐飘来丝丝云烟，山歌忽远忽近传来，一切都是那么的安详。这里远离了城市的烦嚣，没有拥挤的地铁公交。这里的人们克服了种种难以想象的困难，靠自己的智慧和勤劳，因地制宜地打造出怡然自得的美妙景观和生活圈。

俯瞰那层层叠叠的梯田，似琴弦，似丝绸，似律动的音符，也似飞翔的翅膀。这里是国内五大规模最大的梯田之一。所有的山头都被开发成了梯田，这样大的规模，这样完整的梯田群需要龙脊山里的劳动人民经过多少代的辛苦劳作才能形成。站在金佛顶，一览众山小，俯瞰这整片梯田，令人赞叹不已。勤劳的龙脊人用自己的双手开辟了梯田，传承着这里独具魅力的悠久农耕文化。

（四）

古壮寨里的老石头

龙脊古壮寨至少有430多年的历史，由廖姓、潘姓、侯姓三个大自然村寨组成，其中廖姓人口最多、寨子最大。据古壮寨廖姓、侯姓族谱以及潘家祖坟碑刻记载，三姓祖先均来自南丹庆远府。据《龙胜县志》载，龙脊廖姓于明代万历年间(1573—1620年)迁入现居地。这里的壮家文化古朴厚重，被誉为"壮家的文化百科长廊"，整个龙脊古壮寨能够比较完整地展现以梯田景观为代表的山地农业稻作文化、古老独特的干栏式吊脚木楼建筑

龙脊古壮寨（卢勇/摄）

文化、服装文化等，其中古壮寨古朴自然的石文化尤其值得一观。

独特的石文化是壮寨的一大特色。龙脊人民充分利用当地丰富的石材，创造出独特的壮族石文化。据相关资料显示，在龙脊方圆20千米内，共有石板桥将近300座，光龙脊村就有57座。村寨内百转千回的青石板路、古朴的青石板桥、层层叠叠的木楼石地基、石寨门、石碾、太平清缸、石磨、石臼、石水槽、石庙、石头墙、石绣球以及经典的三鱼共首石刻，时间跨度从清朝、民国直至现今，形式多样、内容丰富，真可谓是"三步一石，五步一刻，十步一碑"。

在龙脊古壮寨，石头是与当地人民生活息息相关的事物，也是龙脊人民勤劳与智慧的象征，许多路桥的石板上都镌刻着太极、八卦、莲花、宝剑等宗教标志，最具有代表性和最为珍贵的是村公所门前的风雨桥上刻的"三鱼共首图"。其一个寓意是廖、候、潘三姓的和谐团结，更深一层的寓意是壮、瑶、侗三族的和谐团结，而其最深层的寓意则是道家"一生二，二生三，三生万物"思想的体现，包含人类宇宙最基本的规律即：天、地、人和谐。

这些石头能够经年长存，与其选材和建造过程有着密切的关系。石板大多选用的是石质细密、坚实耐磨的青石和麻石。开凿石板一般在秋末到次年开春的农闲季节进行，由各村寨选派的能工巧匠先行到大山里去寻找质地坚硬的石块，再由村民前往开采和拖运。石板长一般约为3~4米，最长的6米，最短2米。石桥一般由两块长条青石板合并而成，多则五块、少则一块。

清同治十一年（1873年）用青石板建成的古水缸——太平清缸至今也完好地置于寨中，滴水不漏，如今仍为壮民所用。镶嵌在水渠上的分水碑依旧如故，水缸上的石雕动物栩栩如生，仍清晰可见。渠水如今仍为壮民消防灌溉所用。

龙脊古壮寨内还遗存着从清代到近代、民国时期的大量石刻碑文，其中最著名的是刻于乾隆五十七年(1792年)的《桂林府严禁衙门书差藉端滋扰僮瑶碑》（即《奉宪永禁勒碑》）和《盛世河碑》。另外，龙脊古壮寨的石刻绣球图、莫一大王石像和石寨门也非常珍贵，为广西乃至全国所仅见。

三鱼共首图（卢勇/摄）

（五）
金江女儿国——黄洛瑶寨

金江从龙脊梯田景区的重重山峦峡谷间奔流而下，犹如一条巨龙守护和养育着龙脊大地的儿女，在人迹罕至的金江河谷旁边，哺育出了富有民族特色的村寨——黄洛瑶寨。

黄洛瑶寨至今尚存有不少母系氏族社会的基因，村寨有82户400多人口，在这里我们看到瑶家妇女都是盘着头，穿着红色的上衣和黑色的裙子，故称为红瑶。红瑶妇女在日常生产生活中占据了主要的地位，形成奇特的女外男内风俗。女"主外"，下地干活，接待游客等，而男"主内"，主要负责做家务、看孩子等。所以我们在黄洛的路边卖纪念品的摊点、民宿小吃等看到最多的就是勤劳能干的红瑶妇女，红瑶男子则较为鲜见，猛地一看，还以为进入了女儿国，这与现如今外面的社会状态恰恰相反。

黄洛瑶寨"天下第一长发村"（龙胜县农业局/提供）

龙脊红瑶自古就有三怪：头发当草帽戴、手镯当耳环戴、衣服全是丝线带，这就是她们真实的写照。进入黄洛瑶寨，必须要穿过一段简陋陈旧的索桥，索桥横跨在湍急的溪流中，古旧的铁索、沧桑的木板，镌刻着红瑶村寨历史的年轮，走在桥上晃晃悠悠，让人有种穿越时空的恍惚感。红瑶妇女的服饰很讲究。一套衣服全都是手工刺绣，要花上三年的时间，衣服上绣有各种花纹和图案，有五颜六色的花草树木，有栩栩如生的飞禽走兽，最特别的是背部系腰处，有一对鲜红的虎爪印。这里的瑶女们耳朵上戴着二、三两[①]重的银耳环，手上带着古旧的银镯头，这些都是民间的银匠精雕细凿而成。村寨里的红瑶族长发妇女人数众多，曾获得大世界基尼斯记录"群体长发之最"的称号。

黄洛瑶寨民风淳朴，红瑶妇女个个心灵手巧，除精巧的编发技术外，制作的瑶家油茶更是"余香绕梁"。瑶家油茶与普通的茶不同，严格来说，瑶家油茶是一种传统小吃，以前穷人家里面买不起油和肉，特别是冬天，山里面的夜晚酷寒难捱，为了抵抗饥饿，也为了招待客人时显得体面，红瑶妇女们把茶叶、炒米、盐、花生、大蒜、芝麻、姜等经济实惠的配料用炉子加热，在加热的过程中敲打出油汁，之后在锅中加水煮沸即可。刚煮完的茶水香味浓郁、苦中带咸，上面还漂着一层油渍，用来泡饭美味又充饥。或者拿来泡一些葱花、炒米所成的小吃用以款待客人。久而久之，瑶家油茶就形成了当地特有的待客之道了。

品尝一碗瑶家油茶，观一出红瑶歌舞，跟勤劳的红瑶妇女聊会儿当地风情，让人不禁想起陆游那首著名的诗："莫笑农家腊酒浑，丰年留客足鸡豚。山重水复疑无路，柳暗花明又一村。箫鼓追随春社近，衣冠简朴古风存。从今若许闲乘月，拄杖无时夜叩门。"

龙脊红瑶歌舞（龙胜县农业局/提供）

龙脊红瑶歌舞（龙胜县农业局/提供）

---

① 两为非法定计量单位。1两=50克。——编者注

（六）

北壮第一寨——金竹壮寨

金竹壮寨因寨前有一片金色的竹林而得名，位于桂林市龙胜县龙脊镇，号称龙脊十三寨的第一寨。寨子内共有98户人家，400多人口，是我国典型的壮族村寨，又被誉为"北壮第一寨"，其建筑具有鲜明的壮族风格，吊脚楼建筑风格独特且保持得比较完整，早在1992年，当地就曾被联合国教科文组织誉为"壮寨的楷模"，2007年被评为中国首批"中国景观村落"，2014年获得国家民委命名的首批"中国少数民族特色村寨"。位于金竹壮寨山顶上的竹林面积

金竹壮寨荣获中国首批"中国景观村落"称号
（龙胜县农业局/提供）

约有1万多平方米，竹林里的竹子品种都是毛竹、箬竹。微风吹来，竹叶轻拂，竹影摇曳，整个竹林簌簌有声，一种"百战几时能著我，万竿深处一凭阑"的意境悄然而生，烟火俗气尽退。

金竹壮寨历史悠久，据考证最早可追溯到明朝万历年间(公元1573至1620年)，据说是由定居龙脊的廖登仁之孙廖斋的后裔开发建成。整座寨子依山顺水，坐落在龙脊梯田山麓的斜坡上，组成蔚为壮观的梯屋。吊脚木楼干爽轩敞，寨容整洁，这里有古朴的石门、石井，百年古杉树群、百年古枫树、民族文化馆、民族歌舞坪等……挂在寨中古树上的莫一大王(壮族民间传说中的英雄)雕像，像守护神一样守护着这里的恬静时光，村寨占地5万平方米，建筑面积约3 500平方米。居住着98户，430多人。每户面积在100～200平方米，大多以石为基，高垒石坎。房屋为全杉木结构，以川方穿榫衔接，保持传统的干栏(麻栏)式三层木楼建筑风格。

　　这里山清水秀，家家户户饮用山泉水，以竹笕、石槽引水，以石板镶成水井。户外有排水明沟，一条条石板道通达寨子的各个角落。来到金竹寨，走进壮家麻栏木楼，可品尝到获得"农业部地理标志农产品"认证的"龙脊茶"和"罗汉果茶"以及被西方人称为"东方魔水"的龙脊水酒，还有壮家五色糯米饭等。金竹的民族风味餐有腊肉炒竹笋、竹筒蒸鸡、竹筒糯米饭、蛇鸡煲汤都鲜美异常，配上清一色的竹杯、竹碗餐具，充满了别样风情。

　　金竹的壮族歌舞古朴可爱，脸罩傩面具腰围草裙的"草裙舞"，是壮家远古时为女孩举行成人洗礼的舞蹈；那庆丰收的扁担舞，因敲击竹扁担欢快急促的节奏，而被游客称为"中国桑巴"；感谢祖先发明和传授酿酒技术的"葫芦舞"，是用婀娜的形体语言演绎的酒歌。在寨中歌舞坪还可看到壮族"师公舞""扁担舞""板凳龙舞"，奇特的"迎亲仪式"，逗趣的"抛绣球"，神秘的"姑娘石"。金竹壮寨的人文景观吸引了不少专家学者，国内外多所高校和科研院所的教授和研究生曾多次来此进行民族风情采访。

金竹壮寨远观（卢勇/摄）

　　改革开放以来，国内外学者和游客前来考察观光的日益增多，先后来自国际的友人有英国、德国、韩国、日本、加拿大、美国、以色列、古巴等……还有港、澳、台同胞和国内各地的观光客。得天独厚的地理环境、民族风情浓郁的人文景观，使得这里成为摄影的天堂和电影制作的胜地，金竹壮寨曾作为电影、电视剧《万山剿匪记》《毛泽东和他的儿子》《英雄虎胆》《十五的月亮十六圆》《布洛陀河的恋情》等的拍摄基地而驰名中外。

四

吊脚楼里的
五彩民族

广西龙胜龙脊梯田系统

龙脊梯田所在的龙胜县"万山环峙，五水分流"，独特而多样的地貌孕育了苗族、瑶族、侗族、壮族和汉族五个民族，汉族是这里真正的少数民族。其分布特征是大杂居、小聚居，不同的民族有其分布特点，有"无山不瑶、无林不苗、无峒不侗""无水不壮汉"的说法。

（一）

五族共处，和谐典范

龙脊梯田区是以壮族、瑶族为主，还有苗族、侗族等多民族构成的乡土社会，汉族在这里倒变成了少数民族，人口具体数字为壮族6 078人，瑶族5 517人，汉族2 303人，苗族63人，侗族28人。

龙脊梯田区内民风淳朴，民族和睦。我国传统的诚信、尊老、好客、互助和长幼有序等社会道德和社会规范在这一地区普遍适用。一家五口来自五个民族在本地并不鲜见，是各民族幸福和谐共居的典范，他们用一个个生动的事例，演绎了民族团结的一段段佳话，龙胜县也因此多次获得过"全国民族团结进步先进县"称号。

走进古寨，经常可以看到一些农民主动指路帮忙。村民们筑路架桥，均不计报酬。民风淳朴人人敬老，寨上如有红白喜事，凡是同寨的鳏寡老人无论亲疏均被请赴宴而不收礼物。路遇老人，更是长者先行。在日常生产活动中还保持着打背工方式，即换工。如：哪家砌房子劳力不够，寨子上的人们都会主动来帮工，当你有困难需要别人来帮工时，大家也会主动来，这种换工方式，不用付报酬，管饭就行了。还有互借互助，物不乱取等古老的民风都保持得十分完好。

据说，很久以前，官府时常进寨抓兵，烧杀掳掠，龙脊十三寨及临近的其他村寨的百姓过着水深火热的生活，日子极不平静。为了百姓的平安，壮、瑶、汉三个民族的人在各自的村寨中选出德高望重并具有号召力的人士为代表，集中在龙脊壮寨商讨举义之事，议事地点为寨中的一座石板桥。经过长时间的商议，最终决定结为异族兄弟。各代表立即回去联络各自村民聚义。就这样，一支反官兵的民族起义队伍组织起来了，写下了一段民族团结的佳话。当地百姓于是将这座桥命名为"快乐桥"，并在桥的石板上刻下"三鱼共首"的图案，象征着壮、瑶、汉三个民族永恒的团结。

另外还有一说则更具体，"三鱼共首"就是龙脊壮寨内廖、潘、侯三姓齐心协力，共御外辱，建设美好家园的象征。不管怎么说，时光匆匆，转瞬千年，那些壮族先民栉风沐雨建设美好家园的故事却并未被雨打风吹去，抚摸今天壮寨内沧桑的碑文石刻，远去的历史仿佛又在眼前。正是：青石无言图有意，三鱼共首是佳话。源自汉族用于壮，民族团结是一家。

苗瑶侗壮汉五个民族，一个家庭
（龙胜县政府/提供）

民族团结的象征——三鱼共首石碑
（卢勇/摄）

（二）

龙脊红瑶

龙胜境内的瑶族主要生活在崇山峻岭中，分布于龙胜东部的龙脊镇、泗水乡、江底乡、马堤乡以及南部的三门镇。随着历史发展，瑶族演化出不同的支系，根据生产生活方式的不同，出现了盘瑶、红瑶、花瑶、布努瑶、平地瑶、茶山瑶等。而龙胜县内的瑶族主要分为了三个支

"天下第一长发村"（龙胜县政府/提供）

龙脊长发村大世界基尼斯证书
（龙胜县政府/提供）

系，红瑶、盘瑶和花瑶。红瑶，据1999年统计，是龙胜县人口最多的瑶族支系，与盘瑶杂居在龙脊镇、江底乡和泗水乡等地，花瑶人数较少，三门镇的同烈、大罗村和平等镇盘胖等村都为花瑶分布区，也有少部分居住在江底乡李家村。在龙脊，红瑶主要聚居在龙脊十三寨中的黄洛寨以及金坑大寨行政村。

瑶族的分支

世界的瑶族在中国，中国的瑶族在广西。在八桂大地上，居住着瑶族的各个支系，如河池南丹的白裤瑶、百色凌云的背篓瑶、蓝靛瑶、桂平的盘瑶，等等。瑶族的主要分支如下：

红瑶：主要居住在广西龙胜县，穿着红色衣物，也被誉为"桃花林中的民族"；

盘瑶：主要居住在广西桂平，他们尊崇盘王，"盘王节"是该分支的重要节日；

过山瑶：因受统治者的驱除和歧视，垦荒种植两至三年即离开，重觅垦荒地的瑶民。因总是翻山越岭寻觅垦荒地，无法定居而得名，居住在湖南新宁县的"八峒瑶"即属此。

白裤瑶：主要居住在广西河池南丹，平时喜穿白裤，故得名。

背篓瑶：主要居住在广西百色凌云。

八排瑶：主要居住在广东连南瑶族自治县；

此外瑶族还有山子瑶、顶板瑶、花篮瑶、平地瑶、坳瑶、茶山瑶等分支。

（1）红瑶服饰

红瑶女性"上衫"有便衣、双衣、锦衣和花衣四种。中青年妇女穿便衣、锦衣和花衣，老年妇女穿便衣和双衣。

便衣，比较单薄，适合春夏时节穿，大多为青黑色，青黑色较耐脏，适合在春夏农忙时节下田劳作时穿，因此又属劳动服。便衣由单层青布制成，妇女们会在衣领上用红、绿、白、蓝、黑五色绣七个"寿"字，衣襟上也会钉有九个假纽扣作为装饰，纽扣由丝线织成，中青年的假纽扣颜色较老年妇女的鲜艳，多为玫红色。

红瑶女性腰间系带，分内外两条。内腰带为白色或蓝色棉布，用来束紧上衣。外罩围裙，再用外腰带缠绕。青年妇女的外腰带为红色，老年妇女系绿色或黑色外腰带，腰带两端装饰有流苏。天冷时，红瑶女性还会在小腿上绑上"脚绑"御寒。在过去，除冬天外，红瑶妇女常年赤脚，但自20世纪80年代以来，逐渐开始穿解放鞋、凉鞋、布鞋。除了上述服饰外，红瑶女性还会佩戴银饰。银饰种类繁多，且制作精良。

而红瑶男性服饰则相对简单，已经被汉化。中青年穿白色立领对襟排扣便衣，老人则穿青黑色便衣，裤子也由大裤脚逐渐改为直筒裤。红瑶男子爱包头巾，除夏季外，其余季节都包头巾。青壮年头巾颜色是白色，老年人则是青布巾。

双衣又称夹衣，为老人的秋冬服装，无纽扣。锦衣和花衣则是红瑶服饰中的精品，主要在秋冬时节穿，样式都为圆领、对襟、无扣。锦衣，又称为饰衣，以白色棉线为经线，五彩丝线为纬线，由木质织锦机挑织而成。锦衣的上半部分挑织有菱形大花，双嘴鸟、蝙蝠等动物；衣身的下半部分和袖子的下端则饰有颜色相间的横条形花纹，上有梅花、螃蟹等图案。锦衣颜色以大红色或玫红色为主，配以黑、白、黄、绿等色。红瑶妇女会在两袖内侧分别缝接上一块黑布，还会在袖口、前襟处滚上蓝色花边，在衣尾缀上三行锡制小梅花。一位专业织工需花十天至半个月才能做好一件锦衣，而红瑶妇女却只能利用农事与家务之外的空余时间自己挑织制作，所需工时更长。

红瑶民俗表演（龙胜县政府/提供）

花衣以青布为底，用红、黄、绿、蓝、紫、黑、白等色丝线在布上挑绣出各式花纹而成，是妇女们婚嫁节庆时所穿的盛装。红瑶女子从十二三岁起便开始学习针线活，在制作花衣时，她们会根据布的经纬线条，凭借刺绣经验和丰富的想象力，数布眼，在衣身的前胸片和后背片上一针一线地挑绣出图纹，图纹前后相接形成一个方形，在袖子处缝上机织的花布。花衣上绣有春牛、龙凤、狮子、麒麟、鹿、竹木等简练的"几何化"图案，图案一般成双、对称。在衣背正中，还会绣有一对平行的"老虎爪"，呈方形。据传图案的由来是很久以前一位红瑶姑娘射中老虎，成为皇帝的救命恩人，因皇帝身边未带信物，就将老虎爪按在姑娘的衣服上，留下一对爪印，承诺将来衣服上有老虎爪印的人见君王可免于下跪，于是红瑶女子便在花衣背部绣上一对老虎爪印，从此不再向朝廷交税，老虎爪图案便世代传续了下来。这样一件花衣，需花费红瑶妇女两三年的时间制作完成，非常的珍贵。

"下裙"即百褶裙，裙子长度及膝，裙身捻成褶皱状，褶皱上细下粗，下半截裙褶多达120个，上半截裙子褶皱更多，是下面裙褶的两倍，这样既美观，穿着时又具有伸缩性，方便劳作和行走，具有审美和实用价值。红瑶女性的裙子分为青裙和花裙两种。青裙由青布制成，平常劳作时穿，也是老年妇女的日常着装。花裙是红瑶又一珍贵服装，工艺复杂。花裙按花纹和颜色分为三节，上节为青黑色，中间一层为白、青花纹，由蜡染制成，下节则由十二块红绿色绸布相间缝制而成。蜡染，即蜡绘靛染镂花，将枫树浆与牛油混合，滤去杂质做成蜡，用特制的竹片蘸蜡在白棉布上描绘勾勒出鸟、鸡、蝴蝶、花草、寿字、八步桥等图案，再把绘好图案的白布放入染缸染成青黑色，晾干后，等到六月天，在有蜡的地方涂上蓝靛灰水，待蜡松动后，放入水中漂洗，青白花布就做成

红瑶妇女做纺织（龙胜县政府/提供）

龙脊瑶家织机细节（闵庆文/摄）

了。花裙制作工序繁琐，红瑶妇女只在节庆或走亲访友时才会穿，穿着时一般会在花裙前面配以青黑色围裙。妇女们会在裙头的两端安布带，上面各系上一片绣有五彩花纹的东巴，东巴尾端缀有丝线流苏。穿裙时，交叉系和，垂于臀部两边。

（2）天下第一长发村

除了喜穿红衣，红瑶族人还爱留长发。在过去，瑶族成年男性留有长发，留头顶一圈，头发披散下来或编成辫子。现在男性都留短发，只有红瑶妇女还会留长发了。头发在红瑶人看来是人之精血所化，因此极为珍贵，不能随意剪下，对于梳头掉落的发丝也要放在小木盒里保存起

来，待清理整齐后盘在发髻上。红瑶妇女以头发多、长和黑为美，所以她们的长发都有1米以上。1999年，做过调查，全寨有60名妇女的头发在1米以上，最长的达1.7米，因为村内长发妇女众多，2002年黄洛瑶寨获得了大世界基尼斯"集体长发之最"的纪录，被称为"天下第一长发村"。

黄洛红瑶女的长发梳妆中包含着"密码"。待嫁闺中的红瑶姑娘梳的是"闺中秀"，一头青丝平绕在头上，用中心和四角各有一颗瑶王印的绣花黑头巾包头，把发髻严严实实地包裹在头巾里，前露菱角而不露发髻。既保护那一头秀发，又是闺中待嫁的象征；待到婚后，新郎揭开了心爱的红瑶女的黑头巾后，青丝秀发从此可以一睹芳容。新婚以后还未生养小孩的红瑶女，则梳"螺丝发"，青丝头发盘于头上，形成娇羞的"螺丝"造型，绣花黑头巾择时而用；生养小孩子的红瑶大嫂则梳象征至高无上的"乌龙盘发"，伴随着年轻时剪下的、梳妆时积攒的两把青丝，一头青丝被盘成仪态典雅、落落大方的造型。同时在前额露出突出的发髻，配以绣花黑头巾，这是瑶族女最为自豪的装饰，是家族人丁兴旺的标志。

为了保养这一头长发，红瑶人有独特的护发秘诀。他们用铁罐将淘米水收集起来，放在火塘边。做饭的时候，铁罐被炉火加热，经过几天的加热、冷却，里面的淘米水就会发酵变酸。待洗发时，将黏稠的淘米

红瑶长发女的盘头表演（高亮月/摄）

水抹在长发上，用布巾包裹固定，等半个小时后用山泉水冲洗干净。这样洗出来的头发柔软顺直、乌黑发亮。

现在，政府已将此习俗开发为当地著名的民俗旅游资源，推出红瑶长发旅游产品，游客们也能现场观看红瑶妇女盘头的节目了。

（三）

北壮楷模

龙脊壮族属于"北壮"，主要生活在水边或半山腰，从行政区划上看，主要分布在龙胜龙脊镇龙脊、泗水乡等地。在龙脊地区，壮寨主要分布于龙脊的中心位置，而瑶寨和汉寨则大多散布于边缘地区。位于中心区域的龙脊十三寨除了黄洛瑶寨外，其余十二寨都为壮寨。

龙脊壮族都说自己祖上来自庆远府之河池南丹。他们主要在明清时期从庆元南丹一带迁入龙胜，《龙胜县志》记载"壮族于明正统二年（1437年）入县境南思陇，此后先后迁入桑江下游一带居住"。龙脊壮族主要有廖姓、侯姓、潘姓、蒙姓等姓氏，其中廖姓是大姓，自称是最早来到龙脊的壮族。据《龙脊乡廖氏家谱》记载，廖家原籍山东东昌府，宋代时迁至庆元府南丹州（今广西河池市南丹县）。据《荔波县志》载，荔波蛮蒙赶于宋仁宗十年（1044年）联合环州蛮区希范在安化州起义，准备在广西建立所谓的"大唐国"，反抗北宋朝廷。这一时期以前，已有广西瑶民入贵州。是时布努瑶与白裤瑶都颇为强盛，均聚居金城江、思恩一带。河池东兰壮与宝坛壮同有与瑶人争地盘的故事传说。龙脊壮当于此时离开河池思恩一带。他们从南丹到金城江时，此时正是瑶族在河池的强盛期，即蒙赶建立"大唐国"时期。综而观之，龙脊壮族离开河池，最早在宋元，最晚于清代以前。

明太祖洪武二年（1369年），瑶人起义，为避战祸，先祖兄弟三人迁往他地，大房广道迁居全州，二房广德迁往灵川廖家塘廖家店，三房广兴迁至兴安富江峒明塘大巷口（今龙胜和平龙脊村平安组），在此安家耕作。其后人廖公承于明神宗万历九年（1611年）从瑶人处购买龙脊土地，其次孙廖登仁继承祖业迁居龙脊。《侯氏家谱》中也有记载："相传侯氏先祖是南丹县庆元府土州人。"龙脊壮族其他姓氏也认为其先祖在明成化至万历年间，从南丹地区经柳州进入桂北地区，后从兴安溯溶江而上，翻过越城岭，进入龙脊定居。

明代迁入龙脊的壮族，除了自然迁徙外，主要还是军事屯驻。清《龙胜厅志》也载："透江堡，县西南十五里，明嘉靖间剿定首贼黄明相，立堡召狼兵守望。""狼兵"即俍兵，是明朝中后期壮族土司组建的地方武装。明代统治者为了管制龙胜，镇压少数民族起义，在其要处建立军事堡垒，征调南丹地区的壮族土兵到此地屯种，而俍兵的迁移也会带动原驻地民众的迁徙。到了清晚期，又有部分壮族逃荒从湖南迁至龙胜泗水，最后定居龙脊。

龙脊的北壮族将稻作民族的生产技术发挥到了一个非常高的高峰，他们结合龙脊环境的特点与优势，创造和完善了壮民族稻作技术与技

龙脊梯田地区保留的古老耕作方式——耦耕（龙胜县农业局／提供）

能。梯田的宏大规模，这让田坑除草工作量极大，龙脊壮民因此创造了砍刀式的铲草刀，壮语称"亚亘"，亚：砍（柴）刀，亘：田坑，田基。这样的砍刀为龙脊壮人据实地生产需要所特制。由于龙脊梯田地处陡峭，小田块极多，田坑繁多，因而其生产生活用具也依实而制。一是除使用牛耕之外，还同时保留了古老的耦耕——双人肩拉犁，这是为适应山地小田块耕作之便。现代使用拖拉机，亦是那种能够肩杠的特制小型拖拉机。

壮族开发龙脊，已历千年。一代代的龙脊壮民栉风沐雨，创造了松林翠茂、木楼雄耸，石刻古朴精致、梯田入天层叠的生活环境，在原本贫瘠的桂北山地创造了人间伟业，称之为北壮楷模，实至名归。

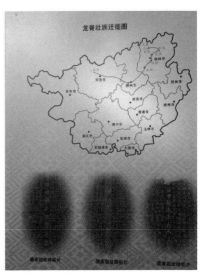

龙脊壮族迁徙图（卢勇/摄）

1. 龙脊壮族服饰

龙胜壮族男性服饰已与汉族服饰无大的区别，男子一身青黑色，上衣为对襟排扣短衫，下裤为宽腿长裤，腰系束带，头上裹布巾或带斗笠。壮族妇女的服饰则还保留着民族特色和传统款式。服饰分为常服和盛装。龙脊女性在夏天爱穿上白下青的常服，上衣有两层，内穿平领短衫，外罩白色无领对襟衣，胸口位置露出里面的内衫，下穿青黑色宽筒裤子，素净淡雅，穿这类夏装的多为青年女子，中老年夏装则为青黑色上衣下裤。而她们的冬装则以一身青黑为主。常服上衣的对襟下方会以上下排列的方式绣有两粒布扣，袖口位置会接上一块15厘米长的蓝布，紧挨着蓝布的位置装饰有一种叫"花栏杆"的横纹，在对襟处、袖口、袖筒中部都会绣有"花栏杆"，而青黑色下裤的裤筒中部和裤脚处也会镶上"花栏杆"这种壮族特色装饰花纹。盛装上衣为对襟衣，下裙为百褶裙，长至脚踝，上衫和下裙都为青黑色，上面也都装饰有"花栏杆"。壮族女性一般在婚礼等重要场合才会穿上盛装，并佩戴全套银饰，包括项圈、手镯、银锁、耳环等。龙胜女性长发不结髻，将长发翻过头顶打旋，包上花布头巾。

当地妇女所穿常服（龙胜县政府/提供）

因龙脊壮族夏天穿白衣，故有人也称他们为"白衣壮"，但是这不是人类学、民族学上的定义，只是按服装颜色来区分的一种通俗的说法。

壮族服饰为手工缝制打造，从原料的种植到最后的裁剪缝制都是壮族人自己操办。其中，染布也是服饰制作过程中非常重要的一环，"靛染"是壮族的传统染色方法。壮族妇女会将种植的蓝靛草放入水中浸泡，充分发酵后，捞出未腐化的草叶，将稻灰、石灰、碱水按一定比例调配好后，倒入靛池中，并迅速搅拌，直到水面出现紫红色的泡沫。经过12个小时的沉淀，倒去上部的清水，取出沉淀物，这时染料蓝靛膏就做好了。待要染布时，将染膏放入桶中，加入一定量的清水，再加入几两米酒，搅拌均匀后，将白棉布浸泡在蓝靛水中，浸泡数小时，取出晾至半干，然后再放入染桶中，重复几次直到染出所需的颜色。布染好后就可以裁制衣物了。

2. 龙脊壮族婚俗

龙脊的壮族婚礼有传统的"摘茶""砍梯""拆桥"及对歌等婚俗，极具民族特色。壮族接亲又称"摘茶"，据传，最初男方来女方家接亲时，会摘几枝新鲜的茶树枝放在礼单上，到了女方家，新娘便接过茶树枝，用上面的茶叶做成油茶，招待接亲的人，如今这一风俗已经免去，但名称仍保留了下来。男方会派出三四位好友挑上水酒、猪肉等礼物去接新娘。而在新娘出嫁这天，女方亲戚朋友都会前来相送。新娘出门时，要

龙脊壮族送亲（龙胜县政府/提供）

"背新娘"，需由一位父母健在、儿女双全的男子或新娘父亲将新娘背下楼梯，寓意新娘不舍离开娘家，是被人背着出门的。送亲团由二三十位身着相同款式、色泽一致的服饰的伴娘、歌手组成。在送亲过程中，新娘传统上是不坐轿、不骑马、不坐车的，而是由送亲团的姑娘们打着伞陪着走到男方家。伞能遮风挡雨带来安全感，寓意着庇护，在壮族姑娘的婚礼中极为重要。这风俗据说是为了赞扬一位勇敢的壮族姑娘，相传壮族姑娘阿妮与壮族小伙阿强相爱，但阿妮的父亲认为阿强家太穷，不同意两人的婚事，于是阿妮便趁着赶会的时候，偷溜出来。为了避免被熟人看见，阿妮便打着伞遮住身子前去与阿强相会，为了纪念这位勇敢的姑娘，于是便有了壮族的撑伞送亲的风俗了。在送亲的队伍到来之前，男方会用新的竹子扎好一架竹梯，靠在木楼入口处的楼梯上，在楼梯口到新房门口这一段铺上新的木板。等到送亲队伍来到新郎家，新娘会踩着新竹梯上楼，这时会由一位父母健在的男青年，用刀将竹梯砍断，称为"砍梯"。登上竹楼后，新娘会沿着新铺设的木板桥，在伴娘的陪同下进入新房，这时会马上"拆桥"，男方会派人撤掉木板。"砍梯""拆桥"表示新娘后路已断，今生永落夫家，生儿育女，创家立业，也寄寓着人们对这对新人爱情美满、婚姻忠贞、白头偕老的美好祝愿。

婚礼当晚，开歌堂，伴娘和歌手要与寨子里的小伙对歌。迎亲的一方和送亲的一方会各自分成两方围在火塘边，以一问一答，一唱一和的形式对唱，这需要考验歌者的智慧和才气。若是两方势均力敌，则会一直唱到天亮才散去。婚礼次日，新娘需回门，新郎会带上一桌酒席，一路鸣放鞭炮，新郎新娘在众人的簇拥下回到新娘娘家，以表示对新娘父母和亲戚们的感谢。

（四）

百节之县

龙胜县号称"百节之县"。据不完全统计，一年中的节日有87次之多，除了春节、元宵节、端午节、中秋节等大众性的节日，龙胜每年还会定期举办诸如歌节、花炮节、红衣节、开耕节、梳秧节、晒衣节、鱼宴节等具有民族特色和地方特色的传统节日盛会。

（1）春牛节

春牛节在每年的立春举行，又称为"立春节"或"送春日"，是龙胜侗族的传统节日。春牛节的主要活动是跳春牛耕作舞，也是上文提到的春牛舞。立春日，侗民们会准备鱼、肉、酒、饭，祭祀祖先神

"春牛"挨家挨户拜年祈福（龙胜县农业局/提供）

灵。晚饭后，便举行"送春牛"活动。仪仗队由本寨的青年男女组成，先在鼓楼集合，队伍前面是鼓乐队和两位举着圆形大红灯笼的村民，灯笼上面写有"立春"二字，后面跟着舞春牛的舞者们，他们进入村寨逐一向各家拜年。每家主人都会喜悦地上前迎接仪仗队，向"春牛"放鞭炮，并为队员们奉上红糖、糍粑、油茶、红包等礼物，以表示欢迎、纳福、感谢之情。拜完年后，舞春牛的队伍便会来到鼓楼坪，在这里会举行迎春活动。寨民们会围在一起欣赏牛歌、颂春歌、耕种问答歌等，观看春牛舞表演。牛是侗族人财富的象征，同时牛也代表着朴实、勤劳、吉祥与幸福，因此将"春牛"送到侗寨的每家每户，主人家认为这会给他们带来福气，而舞春牛也是他们对牛表达钦佩之情的一种方式。

（2）尝新节

在龙胜，每年农历的六月初六会举办尝新节，此时会有一些农产品已经成熟，尝新意在以新谷筹神。侗民们会从田中选取数根刚抽穗的禾胎，合着嫩玉米浆煮粥。喝完粥后，才开始吃节日餐，以示不忘先民们曾经所受的饥饿之苦。每个地区的尝新节举办时间不一，既有在六月初六，也有在七月初一的。据说是祖先兄弟几人迁徙后分居各地，每地的气候不同，使得作物成熟的时间也不相同，所以尝新节举办日期也有差异。

（3）火把节

每年的六七月份，广西龙胜各族自治县龙脊梯田景区内的龙脊古壮

寨内都会举行大型"梯田火把节",吸引大批游客前来参加。

火把节是龙脊的传统节日,其习俗形成是龙脊少数民族群众对火的超自然力的原始崇拜。火把节在当地有着深厚的民俗文化内涵,蜚声海内外,被称为东方"狂欢节"。在过去,火把节的活动内容丰富,有斗牛、斗羊、斗鸡、赛马、摔跤、歌舞表演、选美等。在新时代,火把节被赋予了新的民俗功能,产生了新的形式。通过拜火把、点火把、玩火把、跳火把等系列活动,祈求风调雨顺、五谷丰登、六畜兴旺、人寿年丰,以火熏逐疫祛灾、灭虫保苗、催苗出穗,还可以招引光明、迎福纳瑞。

每年火把节期间,龙脊梯田被游人誉为"火红的龙脊、金秋的龙脊"。艳丽的彩灯发出闪闪灯光把原有的"七星伴月"景观轮廓勾勒了出来,把龙脊梯田夜景渲染得淋漓尽致。与此同时,天上明月高照,悬挂上空,地下龙脊七星伴月,交辉相映,构成了一幅和谐唯美的画卷。

龙脊平安火把节(龙脊县农业局/提供)

金坑大寨火把节(龙脊县农业局/提供)

（4）开耕节

每年清明过后，谷雨期间，寨民们便会挑选一个吉日举办开耕节。开耕节是龙胜民间的传统农祀节日，一般在四月底或五月初举行。开耕节代表着春耕的开始，在这一天，寨民们会在梯田举行供天仪式。村寨的师公会在水田旁摆上供桌，供桌上摆着祭品。仪式开始后，人们会鸣号、起鼓，师公向土地神上香，祈祷神灵保佑全寨这一年能风调雨顺，岁丰年稔。接着牵来一头全寨最壮的公牛，由师公祈福，并将红花戴在牛头上。再由寨老牵着公牛走到田间，由各家田主将自家田地的泥土抹在公牛身上，祈求一年大丰收。最后，寨老打开分水闸，引水入田，一年的耕作开始了。

开耕节壮族妇女田间劳作（龙脊县农业局/提供）

（5）梳秧节

在每年的芒种前后，龙脊梯田地区还会举办梳秧节。梳秧节是当地传统节日，又名"开秧节"。在梳秧节这天，要在"秧母田"举行供梳秧仪式。秧母娘娘是秧苗的保护神，通过仪式，祈求秧母娘娘保佑全寨风调雨顺、五谷丰登。寨民们在寨老和师公的带领下，在田边设神坛，并在神坛周边插上三个稻草人。鸣号、起鼓，师公向秧母神梳上香，相传这把雕花神梳是秧母娘娘留在凡间的神物，然后师公用神梳梳理三把秧苗，并将秧苗抛入田中，据说这样梳理过的秧苗不怕虫害，可以茁壮成长。

　　如今，开耕节和梳秧节已被打造成龙脊特色旅游项目，除了传统的祭祀仪式，主办方还会组织比赛活动，如爬龙脊、捉鱼鸭，让游人能够真正地参与进来。同时也会开展民俗表演，游人能欣赏到打草鞋、绣背带、绣花等壮族服饰制作过程。到了晚上，还有火把表演和大型篝火晚会。这些节日很好地将壮族传统民俗巧妙地融合在一起，让游人在观赏美景的同时，也能体验到壮族的文化内涵。

梳秧节期间的抓鱼活动（龙脊县农业局/提供）

梳秧节期间的舞龙活动（龙脊县农业局/提供）

（6）山歌节

每年农历三月初三是红瑶的山歌节，人们会在龙脊的黄洛瑶寨举办各式庆祝活动。这一天，龙脊各村寨的小伙子，小姑娘精心打扮，穿上节日盛装纷纷来黄洛红瑶寨赶一年一度的红瑶山歌节。

三月三黄洛红瑶山歌节（龙胜县政府/提供）

人们会蒸煮五彩糯米饭欢迎远道而来的客人，五彩糯米饭以糯米为原料，将上山采集的红丝线、黄饭花、枫叶、紫蕃藤浸泡在水中，分别将糯米倒入其中，染成红、黄、黑、紫，加上糯米本身的白色，蒸煮后做成。相传吃了五色糯米饭，歌声嘹亮可至十里之外。

山歌节的高潮当然是对山歌。龙脊民众继承了桂北地区的山歌传统，个个歌声嘹亮、人人皆是歌手。对山歌一般从下午开始直到晚上，以男女一唱一答的方式进行，歌词即兴发挥，趣味横生，年轻男女通过对山歌互相认识，乃至结成伉俪。

（7）晒衣节

"晒衣节"是红瑶的传统节日，每年农历六月初六举办，"六月六"传说是龙王晒袍的日子，当地也有"六月六，家家晒红绿"的说法。六

"六月六"晒衣节的文艺活动（龙胜县政府/提供）

月六那天，寨民们会在木楼的每层走廊外架上竹竿或拉起细绳，将衣服晾晒出来，相传这天的太阳最烈，杀毒灭菌去晦气效果最好，晒的衣服不会发霉，不会被虫蛀。因红瑶服饰以红色为主，所以当大批的衣物挂在屋外时，显得热闹又美观。

晒衣节这天，红瑶群众还喜欢邀请各方亲朋好友到寨子作客，载歌载舞欢度节日，成为当地一年一度之中仅次于春节的盛大节日。

如今，红瑶晒衣节已经被打造成了一个旅游项目，每年在金坑大寨举行。除了传统的晒红衣外，主办方还会举办如红瑶服饰制作展示、红瑶药浴等具有民族传统特色的活动。

（五）

传奇英雄潘天红与《奉宪永禁勒碑》

奉宪永禁勒碑（卢勇/摄）

位于龙脊古壮寨内的《奉宪永禁勒碑》记载了龙脊英雄潘天红勇敢正直、打抱不平的传奇故事。清乾隆五十七年（1792年），当时县衙官吏不顾老百姓死活，大肆搜刮民脂民膏，龙脊地区的农民生活在水深火热之中。当时村里有一个叫潘天红的壮族小伙，他虽然自小家贫，以做长工为生，但此人聪明睿智、胆识过人。他见其他村民的生活艰难，越来越无法忍受县衙的这种搜刮民财的行为，便主动上柳州府状告县衙官吏。众所周知，在当时的封建社会里等级森严，民告官就是"以下犯上"，是不可思议的事情，也是一件很难完成的事情，但为了摆脱这种受苦受难的生活，村民们纷纷凑盘缠给潘天红上柳州府告状。

潘天红几经周折来到柳州府，公堂之上潘天红强烈控诉了地方县衙官吏的种种罪恶行径。柳州府正堂查明潘天红所诉情况属实后下令废除地方县衙派收的各种苛捐杂税，并明文规定了六条禁令。潘天红非常高兴，大胆要求正堂大人把六条禁令刻于石碑之上，以这种最为古老的方式禁止官吏压榨龙脊百姓，并得到应允，此即著名的《奉宪永禁勒碑》。

随后，潘天红为民告状成功的消息传回了龙脊寨，寨民都十分震惊和高兴。寨老们派了十多个壮年男子去把那块石碑从几百里地的桂林给抬了回来。乡亲们也兴高彩烈地组织唢呐、锣鼓、舞狮队到三十里外来迎接潘天红。凭着这块《奉宪永禁勒碑》石刻上的禁令，龙脊的百姓过上了一百多年免除苛捐杂税的太平日子，潘天红为民请愿的功德也永远铭记在龙脊百姓的心中。

附:《奉宪永禁勒碑》碑文①

署广西桂林府事柳州府正堂随带军功加二级记录四次郑，批准尔等自行勒碑呈验，竖立通衢永远禁革可也。为割切严禁事，照得龙胜地方壮民杂处，地瘠民贫，自宜加意抚绥以靖地方，俾不法书役不能乘机滋事方为妥善。除现在访查拿纠外，合将永远应禁各条明切晓谕革除，逐一开列于后:

一、采买茶叶应照例选差亲信家丁赴各圩场，城里照时价公平采买，毋得任听书差发价向乡民勒买以致短价累民;

二、各衙门采买鸡鸭猪只等项应在城市圩场照农时价公平采买，毋得混发官价派勒乡民;

三、衙役奉票缉拿要犯至乡踮缉均应自备盘费，毋许乘坐兜轿、滥派乡夫及需索酒饭供应;

四、给发腰牌钱一千二百文当堂给领，毋得假手书差致启需索陋规;

五、修理塘房应官雇工匠所需物料随时采买给价，毋得任听书差向里间派收工价钱文;

六、上应禁各条尔书差人等务宜禀遵。如敢抗违一经本府访闻或复告发，定将尔等严拿，按例法究从重办理，决不宽贷。尔地方民瑶、壮人等应宜恪守法律，不得妄生事端听任奸狡讼棍捏词兴讼、致干法究，各宜禀遵毋违，特示! 贴龙脊团晓谕　潘天红

乾隆五十七年十月十二日

---

① 原碑文中无句读，此处为本书作者卢勇后加。

（六）
和谐幸福之基——寨老与乡规碑

去龙胜旅游，进入村寨，时常能发现几块布满字的石碑，上面刻有当地村寨的乡规民约，条理清晰，内容丰富，记述了村寨的历史、法律、民俗、道德观念等。一般这些石碑都会被立于寨头或寨尾，用以提醒进寨的客人和出寨的寨民在入寨做客或去外地办事都要遵守石碑中的条文。

石碑中所刻的"乡规民约"是过去民间的一种独立于国家制定的法律之外的习惯法。习惯法是寨民们根据当地自然地理、生活情况、历史文化、经济状况、社会发展、风俗习惯等制定的具有法律制裁功能的习惯准则，在过去是被官府所认可的法律条文。习惯法起源于原始社会的部落宗教禁忌，这些禁忌出现的目的是为了保护先民，避免灾难，因此必须遵守，宗教禁忌对成员具有强制性和约束力，随着一代一代的继承和发展，这些禁忌就逐渐成为了习惯法。一开始的习惯法都是不成文的，直到清朝才开始出现成文习惯法，即开始在村寨中树立石碑。因为龙脊地处边陲山区，交通极为不便，古代朝廷颁布的法律制度对当地不适用，于是统治阶层便承认当地习惯法的存在，并且通过习惯法对当地村寨进行有效的控制，朝廷一般不会轻易干涉习惯法。

龙脊地区习惯法的议定、修改、废除必须经过集会讨论通过后才能最终施行。十三寨古老的

盛世河碑（卢勇/摄）

寨老制度，是十三寨各寨主要的村寨组织形式，寨老不是通过正式选举产生的，而是依靠在群众中拥有威望产生的。寨老们不能对民众行使强制性的权力，只能通过劝说、舆论导向和设立乡规民约来约束寨民们的行为。在每年春秋两季之初，龙脊的寨老们就会聚会商议，即议团，寨老根据村寨的现实状况对现有的条款提出补充、删减等建议，在大多数与会寨老同意的情况下，建议才能通过。之所以选择春秋两季之初聚会商议，是因为春季是为了保护禾苗的成长，免受践踏；秋季则是防止别人盗窃收获的稻谷，都和农时有关。建议通过后，寨老们便回到各自的村寨，向寨民们颁布条规，并将条例刻在石碑上，成为寨民们共同遵守且不能违反的乡规民约。

石碑上的条约以乡规为主，民约为补，内容涉及广泛，生产劳动、社会治安、婚姻家庭等方面都在条约中有相应的内容，并且条约中还规定了违反条例的惩罚措施。石碑上的条约对于集体或私人资产以及人身安全都有明确的保护规定，《龙脊乡规碑》中"在枚牛羊之所，早种杂粮等物，当其盛长之时，须要紧围，若遇践食，点照赔还。未值时届禁关牛羊，践食者，不可藉端罚赔。天地山场，已经祖父卖断，后人不得将来索悔取补，近人有卖业者，执照原契受价，毋得图利高抬，如有开荒修整，照工除苗作价"。乡规中规定了放牧时牛羊践踏作物，牛羊所有者应对受害方予以赔偿，并对何时该赔偿作出具体解释，肯定土地买卖

龙脊壮寨太平青缸及后面刻有乡规民约的石碑（卢勇/摄）

龙脊古壮寨石碑拓片（卢勇/摄）

的继承权，对土地买卖的价格也有严格的规定。

此外，还禁止偷盗、抢劫等危害社会治安的行为，如在《通龙脊洞十三寨会议禁约》里规定："一、偷盗园中或地里包粟、红薯、芋头等物，一经拿获者，罚钱九千九百文；二、偷盗棕皮、茶叶、竹笋，一经拿获者，罚钱六千六百文……五、墨夜撬墙挖孔入室或者青天白日，偷盗鸡鸭鹅犬，一经拿获，罚钱九千九百文；六、偷盗仓中之禾并室内之首饰、衣服、布帛，顷刻无影无踪，不构年深日久，失主查访知买家同罚钱六千文……"在龙胜，需证据确凿才可治罪，若偷盗树木，必须比照树干与树根是否相吻合，偷窃鸡鸭牛羊等家禽家畜，则需以动物的毛为物证，这样做也在很大程度上阻止了冤案的发生。

对婚姻嫁娶过程中的细节也有详细规定，如"……凡古风服制五彩，从今改为以青为服，不许编织彩衣，不遵禁，为团公罚，不恕……凡托媒向亲，二此愿意登出生庚，准共二人不决，洪礼钱六千正，不许加增，违者有犯不恕；凡男家酒，无论新旧之客，共同一餐，早夜膳餐，消夜安宿迎亲，米斗酒肉礼物依然照旧，勿违；凡女舅公准办，花被一床，草席一张，议决，男家饱钱千文备六斤，猪尾二个……以上婚娶制服政良，各款条规，直遵禁，如有违犯，齐团公罚款十二千文，决不宽恕"从衣服样式到聘礼彩礼的多少都有条款涉及，并且规定了若有违犯，则依规论处。

石碑上乡规民约的制定，有利于当地良好民风的继承和社会治安的稳定。"无规矩不成方圆"，将乡规民约刻在石碑上，既是明确了条款规定，又有对寨民们起到警醒作用，对年青的一代也有教育意义，一些德高望重的长者会带着孩子和青年到石碑前，讲解上面的条约，让年轻一代知道祖辈制定的规则，以此来继承本民族的文化传统。但是因为地域的限制，历史的原因，这些石碑上的条款或多或少带些民族主义色彩。

龙脊村寨的石碑不仅保护了寨民们的安全和财产，还对当地民族文化起到了传承的作用。石碑是研究龙脊十三寨历史的重要材料，也是中华民族宝贵的文化遗产，对了解当地少数民族的生产生活、风俗习惯具有重要的意义。

云雾中的楼阁

五

广西龙胜龙脊梯田系统

　　龙脊梯田所处的桂北地区多雨潮湿，容易滋生蚊虫、瘴气，深山中又多野兽、毒蛇，但是石材、竹木材资源丰富，故当地居民充分利用当地建材，因地制宜发展出了既宜居又美观实用的干栏式建筑。龙脊地区的干栏式建筑大多以竹或木为底架，高出地面一段距离，再在上面建造木质屋舍，以满足防潮、通风、防兽的要求。

（一）
干栏式吊脚楼

　　"干栏"一词最早出现在《魏书·僚传》中："僚者，盖南蛮之别种……依树积木，以居其上，名曰干栏。干栏大小，随其家口之数。"龙

龙脊吊脚楼（卢勇/摄）

脊的民居多为干栏式建筑，该建筑类型主要分布在广西、贵州、云南等西南少数民族聚居区。同时，干栏式建筑也利于防洪排涝，底层架空便于洪水从下通过。建造干栏式建筑所占用的土地面积较少，且建造时不深挖打基础，只采用浅柱基，在柱底设石柱基。此方法既不用担心房屋的沉降问题，又保证了地质结构的完整性，避免了对生态环境的破坏。

片石堆砌的平台（卢勇/摄）

龙脊民居坐北朝东南，房屋设计因地制宜，排列布置灵活多变，具有干栏式建筑的基本特征，即"下畜上人"。因龙脊地形的制约，用地紧张，传统民居都为独栋的吊脚木楼，没有院落。平时的生活起居和生产劳作都在一栋楼内进行，因此，既要保持房屋的整洁，又要避免各项活动互相干扰，如何分配房屋各区域的位置显得尤为重要。

龙脊干栏式建筑建造在片石堆砌成的平台上，木楼通常是三层，正面多为五开间。一层是农业生产空间，不住人，主要用来饲养牲畜，堆放粪肥、草料以及存放一些生产工具、杂物，有些也会将卫生间设在一楼。一楼层高2米左右，比较低矮。内部不设隔断，较为开敞；外部一面靠山或用石片砌筑为墙，另外三面用木板横向拼接围合，上部设有竖向的木格栅高窗，这样的设计有利于下层空间的通风。二层是人生活和生产空间，因此层高相对较高，有2.1～2.2米。内部设有木板墙，将空间隔成不同的活动区域。外立面一般用木制竖向屏风门拼接围合，上开窗户，窗户长宽在70～100厘米，窗台高约60～70厘米。正面每个开间几乎都开有窗户，而靠山一面所开的窗户较小或有些干脆不开窗。三层为阁楼，是作为储藏粮食和杂物的空间。民居屋顶前檐、后檐下方完全敞开，便于通风排烟。屋顶采用"歇山式"或"悬山式"的结构，这样的构造可以在雨季来临时使雨水迅速流走并全部排出，不会聚集在屋顶，使房屋免受侵蚀。屋顶多用灰色板瓦铺设，只在需要采光的区域用明瓦处理。

龙脊平安壮寨的百年老宅（卢勇/摄）

二楼按空间可分为门楼、堂屋、火塘间、卧室、梢间、晒台、横屋和配楼。

要上二层入户，需从木楼正面的楼梯进入。楼梯一般为九级或十一级，因为奇数在龙脊壮族的观念中代表着吉利。在楼梯上端设门楼，门楼位于明间的前部，正对堂屋，由"屏风门"与堂屋相隔。门楼作退堂处理，即堂屋往里推进一两步的空间，跟外面走廊组成一个半开放的区域。门楼一般不设门窗，屋主会在靠墙处摆放"懒人凳"，在这儿干活、休息、晒太阳。有些人家为了保持室内卫生，防止鸡鸭等牲畜误入二楼，会为门楼设一个腰门。正对着楼梯的墙上会贴有年历、张贴画和小孩的奖状等，或是挂上几面镜屏，有"防散气，挡阴邪"的作用。

二层平面主要结构为"前堂后室"，堂即堂屋，位于明间的中部，是屋宅的重心所在，也是活动空间最大的地方。堂屋正中的屋顶通高，屋顶采用明瓦采光。堂屋是家庭进行祭祀和礼仪活动的重要场所，神龛便设在堂屋正中后墙上，下摆神桌、八仙桌，桌上摆放着香炉、贡品，是全屋最神圣的地方。堂屋是全屋的几何中心，起到了交通枢纽的作用，通过堂屋可以联系室外和室内的各个房间。堂屋也是主人对外交流的活动场所，因其活动空间大，举办宴会时可摆上十几桌宴席，能同时容纳多人。堂屋两侧为第三层阁楼，通过可移动的楼梯上下楼，除了作为储藏室，还起到隔热的作用。彩调班子还能在堂屋内搭起临时戏台唱戏，经常演出彩调剧的人家，会在三层设跑马廊，这样方便人们坐在三楼看戏，也能容纳更多的观众。

与堂屋相连通的火塘间是龙脊人的主要起居生活中心，日常生活中，寨民们围绕着火塘饮食、闲聊、待客。火种常年不息，象征着人丁兴旺、繁衍生息。火塘间位于堂屋两侧相对称的位置，主要指"火塘所在的四柱之间的的立体空间，从下到上由火塘、禾炕和阁楼层的'帮'（当地人说的'帮'指的是阁楼层在火塘正上方的一间，地板不是用木板铺设而是用竹竿铺的）组成。"火塘五尺见方，最下面的曲梁、穿底结构起到承重的作用，在它们之上铺一层一尺多厚的黄泥，泥中拌有一斤的盐用来吸潮，泥土层上四周铺马海石板（一种龙脊盛产的软青石，耐得高温，刚开采时石质较软，越烧越硬，且不会因为热胀冷缩而开裂）。黄泥层和马海石主要起防火的作用，为了减轻防火层的重量，会在泥土层中埋上几个空瓶。火塘上方为"禾炕"，是一个圆形编筐，吊挂在离火塘1.4米高的地方。禾炕直径约1.5米，主要用来悬挂工具和腊肉等食物。在禾炕的上方是"帮"，在上面铺设晾晒过的禾把，让做饭时冒出的烟将禾把再次熏干，避免禾把受潮生虫。而"帮"因由竹竿铺设而成，竿与竿之间存在缝隙，可以使火塘间的烟雾、热空气在上升时通过缝隙经阁楼层到山墙面排走。

龙脊壮族博物馆内陈列的壮家厨房布置（卢勇/摄）

　　煮饭时，火塘内会放置"铁三角"——铁质圆形三脚架，再在三脚架上面放锅。人们还会在三脚架的周围围上一圈铁皮，当地人称为"老虎灶"，以提高烧饭的效率。当地人吃饭时将马海石当成饭桌，而当有客人时，则会拿出一种内盛火盆的"火塘桌"，摆上小板凳，主客围坐在一起共享美食。对着火塘的板壁上设有凹龛式橱柜，除了用来摆放餐具，同时也是供奉灶王的地方。壮族人的两侧火塘对称，分为主火塘和次火塘。关于两个火塘的分配，主要有以下几个可能：分家的两位兄弟家人各用一个火塘；或是儿子用主火塘，父母用次火塘；若家中只有父母和未成年的孩子，则日常生活煮饭用主火塘，而次火塘闲置或用来煮猪食。而黄洛瑶寨的两侧火塘则不对称，分内火塘和外火塘，内火塘为主人家日常使用，而外火塘则用来招待客人。

　　在堂屋后面通常有五间房，中间的房间因在神龛的后面，为了表示对神灵先祖的尊敬，此间不作卧房，只作为储藏间，用来储藏粮食。老人与已婚成员居住在堂屋东西两侧的房间，老年夫妇往往分房住，一般父亲住堂屋西侧，母亲住堂屋东侧，儿童与未婚青年则住在大门两侧的卧室。卧室的功能只作为晚上睡觉休息的地方，因此面积不大，只有七八平方米，里面的家具也简单，只设有一张床榻和少量家具。当地房屋的大多数卧室在北面，房间窗户小甚至不开窗，且又大多靠山，因此后部的卧室采光通风差，而南面的卧室则相对较好。而除了前排房间，二楼的其余房间也可作为储藏间和碓房。碓房内有碓子，是谷物加工间，位于住宅的后部，主要作为给谷物脱粒和做糍粑的场所。

"一柱四门"的壮寨古屋（龙胜县政府/提供）

在房屋的两侧还建有梢间，用来存放杂物，有封闭和开放之分。封闭的梢间屋顶当地人称之为"披厦"。但是披厦不是随便就可建造的，这要取决于场地条件的允许和友好的邻里关系。

龙脊地区几乎每家每户都需要一个平台来晾晒稻谷，但是当地地形陡峭，可以用来做晒场的平地不多，于是龙脊人便想出在屋外搭建一个晒排。晒排的选址会选择屋外日照最好的方向，然后紧贴房屋外墙搭一个与二层地面等高的木头架子，再在架子上铺一层竹篾。因竹篾有缝隙，容易漏掉谷粒，所以在晾晒时还要在上面铺一卷竹席。等到天气晴好，人们就将禾把、辣椒等农作物等铺在竹篾上晾晒，使之充分干燥，延长它们的保质期。晒排除了具有晾晒的功能外，人们可以在上面纳凉、放杂物等。因龙脊气候较潮湿，晒台容易腐坏，所以两年就要重新再搭建一个新晒排。

随着家庭人口的增加，原有的木楼空间已不够使用。在无法建造新木楼的情况下，为了增加活动空间，龙脊人便会在原本房屋的基础上向外延伸空间，横屋和配楼就这样出现了。横屋位于木楼的一侧，与主楼内部空间相连，横屋的规模可以很大，甚至可能超过主楼。配楼则是因特定的用途修建，通常有独立的入口，以此不影响主人家的日常生活，有的被用来作为粮食加工储藏间，有的成为长工的居所，有的则成了主家成员的工作室。

一柱四门：龙脊人的最早"套间"

在龙脊现存的木屋中，有一特色的卧室结构"一柱四门"，这一结构被称为龙脊地区早期的"套间"。此"套间"所在的木楼是龙脊仅存的七座古屋之一，修建于清同治时期，具有一百五十多年的历史，至今仍在居住使用，内部仍然保持原貌，保存着不少年代久远的家具、用具和农具。"一柱四门"是一根柱子上装有四扇门，门与门之间呈九十度直角。据木屋的主人介绍，其一位侯姓先祖有一妻一妾，为了使妻妾和谐相处，男主人便建造了这一套间。从格局上看，妻子的房间位于男主人房的左边，且妻子的房中还有专门存放粮食的储藏间，而妾的房间则位于男主人房的右边。在妻子与男主人相连的门上，妻子的一面装有门栓，而男主人一面则没有；男主人与妾相连的门上，男主人的一面装有门扣，而妾这一面却没有。从这些设计中可以看出，妻子在家庭中的位置远高于妾，妻子在家中掌管经济大权，且妻子可以随意出入男主人房中，但是男主人要征得妻子的同意才能进入妻子的房间。而妾所受的待遇却相反，妾没有权力阻止男主人，而男主人却可拒绝妾进入房间。龙脊木楼房屋内部空间的分配，也会按照实际需要进行设计。

（二）
龙脊传统民居的建造与演变

龙脊人大多生活在高山深林中，房屋直接暴露在山风里，且当地气候潮湿，降雨较集中，而传统的龙脊民居都为木质结构，却能经过百年风雨的洗礼，依然坚固如初，龙脊至今仍保有数座百年以上屋龄的老木楼。除了坚固的结构外，传统的建造工艺也是房屋坚固的原因之一。

龙脊传统民居多为密檩穿斗式木构架结构，采用榫接工艺。建造方法主要通过木匠师徒间的授予而代代相传，鲜少有文字记载。龙脊当地没有专职木匠，木匠是由村寨内会做木匠活计的农民兼任。木匠会根据主家的要求和场地条件来决定木楼的开间数和进深数以及层高等，并核算出房屋造价。建房时的伐木、上梁等工序需要大量的劳动力，这时就需要其他寨民们的帮忙，因农闲时人们大多比较空闲，所以一般房屋都在农历八月秋分以后建造。

起屋前，首先要选择合适的场地，主家会请地理先生看屋宅基址的风水，屋宅基址要背山面水，最好选在温度适宜、空气清新的山腰边。然后先生需编写造屋日程表，即竖造日课，日课上要列出动土平基、伐墨柱、起土架马、砍伐梁木、木料入场、盖房、作灶、安大门和入宅归火九个重要步骤的时辰。

　　选好屋场后，便需"挖屋场"，平整场地，筑挡土墙。接着便可以选木料建木楼，建房所需的杉木，特别是大梁和发墨柱的木材要在自家山场砍伐，发墨柱和大梁是所有构建中最重要的。发墨柱是堂屋右侧的后金柱，也叫做"金东"。发墨柱不是正柱，却是建筑的定位基点，是木工加工的第一件构件，其他构件的位置和木匠的动工都取决于发墨柱。进山采伐所需的发墨柱原料时，需请父母双全的男青年连夜上山开采，赶在天亮之前将原木抬进村寨。大梁是最后加工的构件。作为住宅明间的主梁，大梁对于主家的财运、子息后代等有重要的影响。所以梁木的选择非常重要，禁忌也很多。屋主一般会事先看好梁木的原木，选定的杉木要枝干笔直匀称，枝繁叶茂，树木的根围要有几兜小树，象征子孙满堂，寓意主家后继有人。采伐大梁原木的时间大多为上梁当天，最好在天未亮的时候请父母双全的男青年进山采伐并将其抬回来。

　　正式开工之前需要烧香拜木匠祖师爷鲁班，祈求建造程顺利。木匠们要先用大木料加工柱、梁等主要构架，然后加工枋、串等连接构件，至于门、窗、楼板、木板墙等非结构构件则在起架、安梁后再进行加工。发墨柱要选吉日加工，发墨柱上的墨线需由主家和大木匠当众将沾满墨的墨线用力拉起，然后两人再突然放手，使墨线在柱子上形成线痕。柱上的墨线要尽量清晰、平直，因为这关系到主家和大木匠的运气吉凶。发墨柱加工完成后不能落地，任何人也不能从上面跨过，要将发墨柱横着悬挂在施工场地内。等到起架之日，才能在发墨柱上披上红绸布，放下来与其他的构件一起组装。

龙脊壮寨生态博物馆里的房屋模型（卢勇/摄）

木匠们会先在地面上将建筑的柱和枋组装成屋架，主家也会提前请好"打背工"的本村人。待新屋架拼装好后，便可以起架了。起架、安梁需要两天的时间。等到吉日那天，便请大伙帮忙起架。帮忙的人们一起用绳索将装配好的屋架拉起至直立状态，再安装横向的梁枋，形成立体的构架。然后是"安梁"，安梁木是起屋架的最后一道工序，却极为重要，需举行隆重的安梁仪式。安梁又称"上梁"，所安的梁木指的是堂屋的主梁。梁木会被染成土红色，象征着"鸿发"，梁木前面供着贡品。安梁时，燃放鞭炮，木工师傅烧香请来木匠祖师爷——鲁班爷，同时说些吉利话请神灵保佑房屋、主人家、工匠一切平安。木匠师傅会在梁木上留下最后一道墨线，接着将主家事先准备好的红梁布钉在梁木的正中，红梁布上写着"上梁大吉"，下坠有三个内装五谷的三角形布袋，然后把亲友们送的写着美好祝词的红梁布，按所赠之人的辈分高低依次钉在梁木的两边，将两束糯禾把"骑"在梁木上。请四位父母双全的男丁，爬上屋顶，边吆喝边用绳索将梁木拽上去，然后将其敲进榫眼里，再在梁木上放几篮上梁糍粑。木匠师傅将鲁班尺挂在身上，口中唱着"鲁班歌"，沿着架在发墨柱上的楼梯来到梁木的正中间。木匠师傅会将上梁糍粑抛给下面帮忙、看热闹的人，这叫做"抛梁"，下面的寨民们也会纷纷去抢这象征着吉祥的上梁糍粑。在这两天的时间里，主家还会请亲戚朋友和帮工们吃三顿饭，三顿饭包括第一天的晚饭和第二天的早午饭，去赴宴的客人也会带上礼物。对于宴席上饭菜的好坏，壮族人并不计较。

屋架立好后，要找平，即调整屋架使其完全横平竖直。然后由负责营造的工匠师傅上檩条，铺设望板和瓦片，这一步骤被称为"挂瓦"。瓦为青瓦，由当地瓦匠用无砂石的黄泥烧制而成。每个寨子边上都有公用的瓦窑，瓦窑向山壁内侧开挖，是拱圈顶横向窑。制作青瓦时，要先挖一个大坑，将质地均匀细腻的黄泥土倒入坑中，再往坑里加水，牵牛在坑中来回踩泥。然后用1尺[①]厚的阔刀背砍打黄泥，使泥土变得均匀。在前面的这些过程中，要不断地挑拣土中的碎石，防止在烧瓦的过程中，因碎石造成瓦片的破裂。打泥后，用细铁丝将黄泥切成瓦片大小的泥块。然后将泥块敷在木桶上，用铁片将泥块分割成带弧形的瓦坯。再将瓦坯放在阴凉处风干。然后由瓦匠师傅将瓦坯摆进窑内，再由经验丰富的瓦匠师傅负责烧窑和封窑。制瓦的一个环节出错，瓦片就容易变成废品，或是因瓦片的破裂导致房顶漏水，所以制瓦的各个环节都应注意细节，才能制成合格的瓦片。铺好瓦片，接着就请专门负责小木作的师傅安装楼板、隔墙、门窗等。

---

① 1尺≈0.33米。

等木楼完成后，主家就可以乔迁新居，安置香火了，当地人称为"入宅归火"。香火是一家的根本，供奉着壮家人的祖先和保护神。香火代代相传，在乔迁或分家时，都需将老屋的香火移到新屋，意思是将老祖宗请回来。乔迁时，龙脊人还会举行安龙神的仪式，祈求龙神保护家庭成员和家畜家禽的健康。

龙脊新式民居（卢勇/摄）

现在龙脊民居已与传统民居有明显的区别，主要体现在内部格局和建筑材料上。传统的干栏式建筑变为地居式建筑。传统民居的一层架空不住人，但是新式房屋的一层却成了人生活的空间，移除了原来一层的牲畜栏，有些人将牲畜饲养在老宅一层。入户处也从二楼改到了一楼，变得更为方便。新式建筑的一层空间被划分为厨房、客厅和卫生间。而原本二楼楼梯口的门楼空间被纳入到了屋内，扩大了二层的空间。原本设在二层的堂屋和火塘间分别转化为一层的客厅和厨房，因此二楼的空间几乎都被改造成卧室和储藏间以及走廊。新居中也不设立神龛，祭祀活动仍然在老宅举行。新式住宅比传统民居更注重私密性，空间分区也更加的明确，在活动区域上也更符合现代生活的需要。新式房屋的每层层高也由2米不到抬高为2.8~3米，使层高能更符合人的活动高度。窗户的面积也变大了，并且窗户的隔栅也改成了玻璃，这样就增加了采光面积，提高了房屋的采光度。建筑上的装饰也更加丰富。

龙脊梯田地区普通旅馆外立面（卢勇/摄）

随着龙脊旅游业的发展，部分龙脊人开设了农家餐馆和旅游客栈，供游人吃饭和住宿，他们将房屋的一层建成为就餐大厅和厨房，就餐大厅不设隔断，非常宽敞，厨房一般设在靠山的一面，将二楼的空间隔成一间间卧房，由一条走廊连接各房间。为了容纳更多的游客，老板将原本低矮的三层阁楼加高，将三楼也划分成一间间卧室，并设置固定的木梯供人上下。部分旅舍还会建造四层，增设客房，以满足游客的需要。

寨子里新设的公共卫生间和垃圾收集箱（龙胜县农业局/提供）

同时，房屋的建筑材料也不再局限于木材，房屋的楼板和支柱的材料已变为钢筋混凝土，内墙也由原先的木板墙改为砖泥砌成，但是外立面仍采用木板合围，形成木结构与砖混结构相结合的模式。

龙脊干栏式建筑为木制，且木楼中还设有火塘，容易发生火灾。一旦起火，村寨中木楼与木楼之间又靠得比较近，火势容易迅速蔓延，很难及时控制火势，会造成大面积的损失。为了发生火灾时，能及时打水救火，村寨会建有蓄水池。廖家寨和侯家寨有四个卵石砌成的大水池，每年的夏季，寨民们都要挑水倒入水池中，预先蓄上水，以备发生火灾时有水可救火。

太平清缸是廖家寨中现存最古老的蓄水池，主要用于防火和抗旱。始建于清朝同治四年（1865年）的太平清缸由廖家寨的廖广春出资兴建，历时近九年，直至清同治十二年（1873年）才完工。太平清缸高三尺八寸、宽二尺八寸、长五尺二寸，可装近两千升水。水池由四块青石板和四根石柱衔接而成，石柱顶部雕刻成两只青蛙和两只螃蟹。太平清缸自建成以来已有近一百五十年的历史，盛水至今，滴水不漏。每逢大年初一，龙脊廖家寨的寨民们会在太平清缸焚香祭祀。龙脊各寨之间关系良好，一旦发生火灾，全体村民和其他寨的寨民们会及时赶来参加救火。此外，龙脊寨民平时也极为注重提高大众的防火意识，尤其是从小就对青少年言传身教地加强防火教育。可以说，防火意识已深入到每一位龙脊人的骨子里。

（三）

鼓楼和寨老

鼓楼也是侗族特有的建筑形式，是民间建筑文化的符号。联合国教科文组织官员称其"别具一格的侗族鼓楼建筑艺术，不仅是中国建筑艺术的瑰宝，也是世界建筑艺术的瑰宝"。鼓楼与戏台、风雨桥、寨门一起并称为侗族四大特色建筑。

龙胜广南鼓楼（龙胜县政府/提供）

侗语中原称鼓楼为"百"，但因楼中大梁上悬挂有大鼓，而且汉人也称有鼓的楼为"鼓楼"，随着侗族、汉族之间交流的越发频繁，汉语称谓"鼓楼"就逐渐取代了侗语原称谓"百"。关于鼓楼的起源，可以追溯到僚人的"巢居"。《魏书》中记载："（僚人）依树积木，以居其上，名曰'干栏'"。从起源上看，所有的干栏式木构建筑都源于巢居建筑。在经历了巢居的独柱式、民居的四柱式的演变过程，侗族鼓楼发展到了如今的八柱式、十六柱式的结构形态。

鼓楼由杉木制成，侗族聚居区为杉木产区，可就近取材。杉木本身木质优良，纹理通直，成长迅速，八到十年就可成材，且耐腐、保存时间久，民间有"干五十年，湿（埋在河里作拦河堤坝）五十年，半干半湿五十年"的说法。杉树对侗族也有特别的含义，侗民将其称为"神树""杉仙"。因杉树枝干挺拔且高大，侗族希望人能像杉树一样茁壮成长。所以在小孩刚出生时，老人们会栽种一棵杉树，期望孩子如杉树般健康长大。侗民们也会称青年男女为"十八杉"，在姑娘成年出嫁时，杉木会作为嫁妆陪嫁，当地民谣有唱道："十八杉，十八杉，儿女落地就栽

它，待到姑娘十八岁，陪着姑娘到婆家。"

侗族鼓楼多建于寨子的中央，其外形如宝塔，基本轮廓形似一棵挺拔的杉树。鼓楼的顶部是相叠成的宝葫芦串。楼身呈多边锥柱形。檐腰层层叠叠，从下而上，一层比一层缩小，每层均有翘檐作装饰。楼身平面呈四边形、六边形、八边形等，边数都为偶数，意为天地、阴阳、男女的组合。鼓楼特点是楼层少而檐层多，檐层九到二十多层不等，且层数为单数，侗族认为单数是可变之数，寓意着生命的意义。鼓楼底部，多呈正方形，中间是一个大火塘，四周设有宽大结实的长凳，供人休息就坐。鼓由桦树制成，侗族称之为"桦鼓"，放置于鼓楼的高层。

侗族鼓楼通体用杉木凿榫衔接而成，结构严密坚固，可矗立数百年而不倒。鼓楼由一根或四根或六根杉木作主承柱，主柱由村寨或氏族中在此居住时间最长的家庭捐赠，这种捐赠资格一般是世袭的，这一习俗代表着这个村寨或氏族是由这些老住户发展出来的，他们是村寨和氏族的主体。檐柱数量有八根、十二根、十四根、

鼓楼天棚十字（卢勇/摄）

十六根，檐柱及其他建筑材料由各户平均捐献，表示鼓楼是各家共同建造的。而连接主承柱的枋子由邻近的氏族或村寨赠送，寓意着双方是互相通婚、友好的邻里关系。

鼓楼上的装饰寓意吉祥美好，多以飞龙、二龙抢宝为主，也会装饰有象征如意的云头形如意纹。在鼓楼的正梁中间多会绘上一些富有寓意的图案，如寓意"万物不断变化"的道教太极图，在呈十字交叉状的横梁上写有"风调雨顺，国泰民安"和"皇图巩固，地道遐昌"等寓意吉祥的话语。每层翘檐的翼角会塑饰有升龙、立虎、仙鹤、凤凰等吉祥避邪的动物，来保护村寨寨民和氏族族人的安康。这些花纹图案具有鲜明的侗族艺术特色，含有大量的民俗内容，是研究侗族民俗的宝贵资料。

龙胜境内有57个较大的侗族村寨，一般四五十户以上的村寨，都会建有鼓楼，有些一二十户的村寨，如滩脚、长冲、松树坳等也会建有鼓楼。新中国成立初期，龙胜共有76座鼓楼，其中建造时间最早的是边鼓楼，建于清嘉庆四年（1799年），后改名为红军楼，位于平等镇龙坪寨；最高的是中鼓楼，共9层瓦檐，位于乐江县西腰寨。

而平等镇平等村现有13座保存完整的侗族鼓楼，建造于清代至民国年间，是全国罕见而独有的鼓楼群体。龙胜平等村是一个侗族大寨，有九百多户，四千多人口。因在不同时期迁入村内，寨内姓氏不断增多，使平等成了一个多姓氏杂居的聚居区。侗族以姓为单位建造鼓楼，一般一个姓氏建一座，但有的姓氏也会多建几座，这样方便同姓氏的寨民在一起聚会议事。平等村内的13座鼓楼分布于村子的东、南、西、北面和中间地区，错落有致地点缀在村内。在平等村，平等大寨中就建有8座鼓楼，新中国成立后保有7座，其余6座则坐落于各小寨中，建于清朝和民国时期的各有6座鼓楼，解放后又建有一座鼓楼。

侗族认为鼓楼与一个家族或村寨的兴旺息息相关，因此非常注意对鼓楼的养护。维修鼓楼时，寨老会召开会议，各家各户都出资、出工、献料，这一传统被延续了下来，才使得鼓楼能保存至今。

鼓楼是当地寨民用来聚众议事的重要场所。在寨内有重大事情需要商讨时，寨民们会聚集到鼓楼召开会议、制定规则。规则制定好后，必须严格执行，若有违犯，需到鼓楼接受处罚。有时寨民们会将内容刻在石碑上或写在木板上悬挂于鼓楼柱子上，供人们遵循。若有外敌入侵，寨老便会登楼击鼓，鼓声能将人迅速地聚集起来，共同抵御外敌。

侗族人的名字会在人生的不同阶段而不断地改变，在出生时会起奶名，到了11或13岁就要到鼓楼由寨老或家族长老根据他或她的长相、声音等取名，而等其结婚生子时，其名字就会改变，改成父亲或母亲的称呼加孩子的名称，如"补欢"，意为"欢的父亲"，而等其孩子结婚生子后，名字也就变成爷爷或奶奶的称呼加孙子的名称，如"公美"，即"美的爷爷"。在鼓楼取名时，全寨或全族的人会聚集在鼓楼周围，此时取的名字是他或她的本名，众人也会马上知晓，意味着他或她得到了社会的公认，这是侗族人的人生中的最重要的一个命名阶段。鼓楼也是展示村寨和家族荣辱的地方。首先，鼓楼外观的繁复和壮丽是寨子或氏族体面的标志，此外，侗民们还会在主承柱上附着、悬挂或装饰有荣辱的象征物。"附着或悬挂象征胜利与光荣之物，表明人的喜悦心情，以示永久纪念；附着或悬挂悲惨与羞辱之物，以示人的永久牢记，激发人们奋发向上。"若是有人对鼓楼主承柱施以不礼貌或者不文明的行为，会被视为对整个村寨或氏族的不尊重。鼓楼也是侗族人社交娱乐的场所，节日聚会时的唱歌跳舞等活动，会在鼓楼前的鼓楼坪上举行。同时，侗族人有互相走访做客的习俗。不同村寨或氏族的侗民们前来拜访时，主人会先将客人带到鼓楼休息，带来的礼物也会排放在鼓楼内，等客人到齐后分配人数，各家将所分配到的客人带回家中就餐。活动结束后，主人会将客人带到鼓楼，客人到齐后再一齐送出村寨。所以鼓楼是侗族的象征，是其文化在现实中的表现形式之一，在侗民的生活中占有极其重要的位置，我们应尊重并保护这一传统建筑形式与文化。

上文中提到的寨老，是村寨中的头领，也被称为"头人"，而寨老制度是龙胜当地的村寨组织形式。在单姓的村寨中只有一个寨老组织，而在多姓寨中，则有多个基层寨老组织并存，若是拥有共同祖先的村寨，就会再设一个连寨性的寨老组织。寨老不是通过正式选举产生的，而是自然和民主形成的，没有世袭的寨老，也很少有终身的寨老。寨老是在寨子中凭借个人威望当选的，一般是辈分较高的年长者或是能说会道、办事公平、为人正直的青壮年担任寨老。寨老们对民众没有强制性的执行权，只能通过劝说、舆论导向和设立乡规民约来约束寨民们的行为。在龙脊地区，每年春秋两季之初，寨老们会议团，聚众商讨条款的制定、增补和删减等事情，只有在多数人同意的情况下，条约才能通过。

龙脊十三寨寨老会议还会对内部矛盾进行调解，并一同处理对外事务。寨老们也会联合召开十三寨团务会议和全体村民参加的村民大会，来让全体寨民共同决定大事。

寨老制度（卢勇/摄）

（四）

古朴石板路

　　走在龙脊寨子里的石板路上，抬眼可见房屋基脚环砌石墙及绕入高处的石块路。就算是围菜园的石墙都砌得非常讲究，石块垒起的线条，在绿树与木楼相映之下，构成优美的图案，显得清丽与丰富的工整。作为生产生活用具的舂碓、石磨，各家各户皆有，而且其造型制作亦颇为讲究。当地先民因地制宜，在石头的使用中保留了人类历史与古老的文化，他们把石的利用达到艺术的极致。龙脊壮族古寨，整个就是石与木的艺术构筑。我们甚至可以说石头就是龙脊壮族生活的艺术载体。从宋元时期梯田初建至新中国成立，在村寨建设和日常生活用具中，壮族人民时时刻刻都与"石"打交道。其中最著名的要数寨子里随处可见的石板路和"三鱼共首"石板桥，以及清乾隆五十七年间（1792年）潘天红为民请愿的《奉宪永禁勒碑》。

龙脊梯田地区驮货的小马（卢勇/摄）

龙脊的寨子和梯田都建在半山腰，为了方便与外界沟通，龙脊寨民们便修建了一条条的石板路。在和（平）大（寨）公路修成之前，龙脊人就是靠着金江河北岸、龙脊山上四通八达的石板路与其他各寨和外界的进行交流。

在《龙脊十三寨》一书中，介绍了这条石板路的起始路段："石板路自官衙（今和平）起，向东北经过龙堡、枫木、新寨、龙脊村的平段、平寨、侯家、廖家、平安、中六，至瑶家的大寨，中途有岔路至其余的寨子。金江河南岸的金竹、八难等寨子，需要渡河才能到和平、大寨等地。"在龙脊，石板路都由青石板铺成。除了各寨之间的主路，还有寨内道路和田间小路等。

山间的青石板路（卢勇/摄）

龙脊山路众多，因此岔路口也多。为了不迷路，龙脊人在岔路口的路边立一块"指路牌"，当地人称之为"将军箭"。"将军箭"是一块上面标有"上行、下行、平走"的目的地的石牌。当地人认为在路边立"将军箭"可以给小孩子"积阴功"——龙脊人认为是鬼作祟使孩子哭闹

不止，因此家长就在路边立一块"将军箭"，"将军箭"可用来射鬼。当地人还会在容易出危险的路边塑一尊"雷公像"，提醒往来的行人"危险路段，小心行走"。修补石板路是每个龙脊人的责任，据说，几百年来有条不成文的规定，每年每村都要修补各自路段的石板路，并且每家都需当三天的义工。所以，石板路虽历经百年却依然坚固，仍是出入山寨的必经之路，而自发的架桥和修路的风俗，也是龙脊当地传承至今的传统美德之一。

平安壮寨内的石宅门及石板路（卢勇/摄）

因龙脊地区山溪众多，所以石板桥也多。龙脊石板桥桥面均采用整块天然青石板，不架设桥墩。石板桥的宽度通常约为六七十厘米，而桥的长度视溪涧的跨度而定，有些只需一块小石板就能成桥，但是遇到较大的河流时，人们便需开采五至六

米长的青石板。如龙脊古壮寨的石板桥，大致修建于清同治年间，是广西现存年代最久、石板用料最长的石板桥，河流跨度六米，但是桥身却用两块长度均为8米、宽0.8米的整块天然青石板铺成，在全国亦属罕见。为防止行人走在桥上突然滑倒，人们会在石板上凿刻倾斜的凹凸纹理。一些石板桥上还会刻有葫芦、太极、梅花鹿、宝剑、书卷、莲花、盘长等吉祥图案。当地人认为，在寨民们途经石板桥时，吉祥符号能带来消灾避难、出入平安的效果。在廖家寨西村口风雨桥上，在其中间的一块青石板正中位置还雕刻有"三鱼共首"的图案。

（五）
风水树与凉亭

龙脊梯田的壮族、瑶族同胞喜欢在村寨口种植高大美观、寓意吉祥的大树，这是他们自然崇拜的一部分。在龙脊村平段寨村口就高耸着两棵大树，一棵是红豆杉，另一株是香樟树，据村中老人介绍，这棵香樟树树龄已有二百多年。大树底下平整阴凉，当地人称之为"樟树底"，是龙脊村寨举行集体活动的重要场所。

而在金坑地区，还有一个有关寨前古树的故事。在金坑大寨的老村口，本来建有一座庙，庙前有开阔平整的庙坪，并种有一棵大杉树。据说，大寨和新寨在建庙时各于庙前种了一棵杉树，互相打赌比较，谁的杉树长势更好，那哪家寨子就会更兴旺。结果新寨的杉树比大寨的长得快，新寨中的男丁也就较多，而大寨则女子较多。"文革"时期庙被拆除了，庙坪周围也渐渐地盖起了房屋，还剩下这棵大杉树，也被雷劈过，快枯死了，于是这个老村口的作用也被人遗忘了。

除了龙脊地区，在龙胜的其他地方也存在着大树崇拜。如龙胜侗族宝赠寨将树视为神灵，村寨内至今还存有 16 株古树，这些树被寨民们视为风水树，认为它们能够保佑寨民的健康和全寨的平安。

在龙脊的古寨子里面徜徉，还可以经常看到一种树，树干笔直，高大粗壮，郁郁葱葱，巨大无比，这就是鼎鼎大名的红豆杉，有些树已有500多年的历史了，亲手触摸它灰褐色的肌肤，仰望其伟岸的身躯，让人不禁感慨：人生何其短暂，造物主又何其神奇！

龙脊平安寨内巨大的红豆杉（高亮月/摄）

红豆杉又名紫杉，红豆杉属植物是一类古老的植物类群，全世界有11种，分布于北半球的温带至热带地区。从红豆杉的地域分布上看，美国、加拿大、法国、印度、缅甸和中国等地都有分布，但属亚洲的储量最大，其中，中国境内的红豆杉就占全球储量的一半以上，主要分布在广西、云南。红豆杉高的可达30米，胸径达60～100厘米；树皮灰褐色、红褐色或暗褐色。心材橘红色，边材淡黄褐色，纹理美观，结构细密，干后少开裂，坚实耐用，可供建筑、车辆、家具、器具、农具及文具等用材。其中野生红豆杉为国家一级保护植物。

在我国南方不少地方的民间传说中，红豆杉素有"风水神树"之称，村寨周围多有种植，作为守护寨子的神树。在龙胜地区更是如此。在龙胜各族自治县伟江乡洋湾寨最近就发现了7棵巨大的野生红豆杉。这些古树分布在苗族群众聚居的寨子中。最小一棵红豆杉也要两个大人手牵手才能合抱，树龄都在400年以上。其中最大的红豆杉树龄上千年，树高35米，主干要4个大人手牵手才能抱住，十分壮观。根据林业部门提供的资料，这是广西发现的树形最大、树龄最长的红豆杉，堪称广西红豆杉之王。

红豆杉中含有的紫杉醇，具有独特的抗癌机制和较高的抗癌活性，能阻止癌细胞的繁殖、抑制肿瘤细胞的迁移。临床研究表明紫杉醇主要适用于卵巢癌和乳腺癌，对肺癌、大肠癌、黑色素瘤、头颈部癌、淋巴瘤等都有一定疗效。被公认是当今天然药物领域中最重要的抗癌物质，被誉为"癌症治疗的最后一道防线"。

在行人较多的地方或是防御重地，寨民们还会集资修建凉亭。凉亭为四柱抬楼式结构，视场地大小建造三间至五间，亭顶盖瓦片，在亭子四周或两面围栏。围栏处有固定的木板长凳，供行人歇息避雨。亭梁上会雕刻图案，在下方多写有诗对、杂绘着几何图案或花卉等图像。部分凉亭还会有专门的守亭人施茶，在茶亭边会另建公房，供守亭人居住，周围还会置有供守亭人家耕种的亭田。在龙脊地区，有些凉亭还会供奉孟公神、土地神等神像，寨民们出入祭拜，具有一定的宗教功能。

目前龙脊地区保留的最古老的凉亭位于平安寨内，建于清光绪十七年（1891年），当地人称为"廖家凉亭"或"七星凉亭"。在凉亭外立有一块建亭碑，上写："出则由马城而马塘，入则自龙喉而龙脊，迢递者程遥，慌忙者气减，谁至此而不欲歇息，况耕负夫……故此我廖家众等共集商议，同发善心，修建凉亭一所，并刊神像几尊。俾人得以祈福，而生民均得所赖矣。"说明修建凉亭的目的是为了供行人休憩和村民祈福之用。但是，亭内的几尊石像现在已经不见了，只保存有土地神牌位一座，牌位上土地公和土地婆像并排而坐，土地婆怀中还抱有一子，当地人认为祭拜土地神牌位可得子女，故经常有寨民前来祈福求子。该凉亭有一特别之处，便是其四面封闭。凉亭的墙壁下方垒石堆砌，上方则木板拼接合围，山墙面开门，行人经过可横穿凉亭。

龙脊平安寨内的凉亭之一（卢勇/摄）

（六）
龙脊壮族生态博物馆

龙脊壮族生态博物馆大门（卢勇/摄）

龙脊壮族生态博物馆位于广西桂林市龙胜各族自治县和平乡东北部的龙脊村平寨。龙脊壮族生态博物馆是广西"1+10"（即1个广西民族博物馆带动10个生态博物馆）工程的主要组成部分。2011年被国家文物局评为全国首批"生态（社区）博物馆示范点"。此次首批获得国家认可的5个生态(社区)博物馆分别为：浙江省安吉生态博物馆、安徽省屯溪老街社区博物馆、福建省福州三坊七巷社区博物馆、广西龙胜龙脊壮族生态博物馆、贵州黎平堂安侗族生态博物馆。

生态(社区)博物馆的理念起源于20世纪70年代，据介绍，生态（社区）博物馆是一种通过村落、街区建筑格局、整体风貌、生产生活等传统文化和生态环境综合保护和展示，整体再现人类文明发展轨迹的新型博物馆。当前，随着城市化进程加速，大规模城乡建设持续展开，文化遗产及其生存环境受到严重威胁。促进生态（社区）博物馆发展，有利于调动全社会保护文化遗产的积极性，推动文化遗产的有效保护和传承发展。它的产生和出现使得传统博物馆的理论、方法和技术发生了巨大的变化，博物馆从以往的"建筑物–收藏品–展示"转变为"地域–遗产–居民"的另一种模式。中国从1985年开始引入生态博物馆的理念，1995年开始在贵州启动生态博物馆建设项目。

2006年，广西壮族自治区文化厅确定了以龙脊村的侯家、廖家和潘家三个自然村为保护区建设壮族生态博物馆，占地面积289平方米、建筑面积601平方米、投资额近80万元的龙胜龙脊壮族生态博物馆展示中心启动建设。该馆建于2009年11月，于2010年11月16日正式开馆。

龙胜龙脊壮族生态博物馆的信息资料中心，设置在具有独特壮族风格的吊脚楼中，旁边是已经不再使用的本地小学，信息中心和小学共享一个小型的广场，占地面积289平方米，建筑面积601平方米，展出文物标本200多件。据了解，这座房子是一位村民的房屋，无偿提供给村委会进行博物馆建设。在当地村民眼中，为当地唯一一座博物馆提供房屋，是一件光荣而又值得自豪的事情。

信息资料中心的常设展览为"龙脊神韵，壮家风情"，分四个部分：第一部分"龙脊壮寨"，展出各式各样的生产工具，诉说壮族作为山地民族的民族文化特点，服饰和各种器具展示龙脊壮族民风民俗和独特的智慧；第二部分"龙脊神韵"，用图片、实物等形式，展示龙脊梯田的壮美，体现壮族人民的劳动与创造；第三部分"壮家风情"，通过实物、场景复原等展示壮族节日风俗、宗教风俗、婚丧嫁娶仪式风俗；第四部分"发展之路"，回首龙脊近年来在人民生活建设上的各种成就，以及对未来的展望。展览涵盖内容丰富全面且饶有趣味。

与广西南部壮族尚黑不同，白衣壮以"尚白"而得名。龙脊壮族在社会生产、民俗庆典、历史发展上都有自己的特点，形成了与众不同的特色村寨文化。在生态博物馆建立以前，各种文化元素散落在村寨之中，没有进行过系统的调查与整理，生态博物馆的建立，为龙脊文化发掘和整合提供了平台，并以此为工具，将龙脊特色文化展现出来，经过村民、村委会和文化遗产工作者的发掘和整理，龙脊壮族文化鲜活地展现在世人面前。[1]

该生态博物馆的建设作为一种新的文化保护和发展模式，不仅采取

---

[1] 潘守永、覃琛：《龙胜龙脊壮族生态博物馆的现状和未来》，《中国文化遗产》，2011（6）.

龙脊壮族生态博物馆馆长潘其芳在做讲解
（卢勇/摄）

一系列措施保护和传承了当地壮族的传统民族文化，还能利用丰富的民族文化遗产鼓励当地居民创造美好未来，生态博物馆建设的良好效应初步显现。

龙脊壮族生态博物馆为壮族"干栏式"的吊脚木楼结构，掩映在梯田与村寨之中，陈列有当地壮族先民开垦梯田的古老工具、生活用品、服饰、纯银首饰、石雕、石刻、珍贵的图片资料等200多件物品。它的建成不仅可以保护与传承龙脊壮族文化，向人们展示了龙脊梯田非物质文化遗产的人文内涵。丰富人们对梯田的"外在美"和"内在美"的认识，深刻地阐述了"龙脊梯田"不单独是"景观"，同时也是"文化遗产"的概念。在充分挖掘与保护蕴藏在龙脊梯田里的稻作文化中起到了重要的意义，展现了龙脊人文与自然环境和谐共生的一幅壮丽的画卷，使龙脊梯田景区又多了一道亮丽的人文景观。

丰饶独特的物产

六

广西龙胜龙脊梯田系统

龙脊是一个人杰地灵、物华天宝之地，这里的环境山清水秀、物种丰富；这里的人民勤劳朴实，心灵手巧。他们在这个山高水长之地因地制宜巧用自然，开发和创造了许多独具当地文化特色的土特产，其中最有名的当属以"龙脊四宝"为代表的当地特色农副产品。

（一）

龙脊云雾茶

"龙脊茶叶长云天，香飘缭绕华夏间，品后方知乾坤大，洗净今古春不眠。"

龙脊茶是《中国茶学辞典》收录的第28个优良品种，现在的种植区域位于越城岭猫儿山西南腹地，品质优良，采用传统工艺精制而成，条

龙脊茶萌芽（龙胜县农业局/提供）

形茶外形条索紧结、粗壮匀整，螺形茶壮实，色泽乌黑油润，显毫，颜色金黄，耐泡，汤色黄红明亮，香气浓郁，醇厚甘甜，回甘生津。上述诗就是龙脊云雾茶最好的写照。龙脊茶历史悠久，早在梯田开垦之初，寨民们就开始采集野生的"大叶茶"，也就是早期的野生龙脊茶。后来百姓们将茶树移栽到自家田地中，历经几代人的精心培植，成就了一方名茶。龙脊茶最鼎盛的时期是清初的一百多年间，那时家家户户必种茶树，一眼望去，漫山遍岭的也都是茶树，乾隆时已被列为贡茶，据《龙胜厅志》记载："城东八十里有龙脊茶向办土贡。"

龙脊茶树植株高大，自然生长的茶树高度可达15米以上，树姿半开张，叶片大，呈椭圆形。龙脊茶中品质最佳的龙脊古树茶是当地具有百年树龄的野生茶树所产，野生茶树树根深沃于土，吸收天地的灵气，不需要人工浇水施肥。这种自然生、自然长的特性决定了龙脊茶的产量比较稀少，但是所含的人体矿物元素十分丰富，现在龙脊云雾茶已是农业部国家地理标志农产品。

每年谷雨季节，瑶族人民便会采摘"谷雨茶"，与此同时，茶农们会祭茶神、唱采茶歌、跳采茶舞等。前面提到的野生古茶树高大，不同于一般的茶树，因此瑶民们采茶方式称为"飞天"采茶。这种采茶方式需男女搭配，美丽的瑶族少女坐在特制竹竿的一端，而另一端则被紧握在数名瑶族小伙手中。凭借几名小伙子们力量的支撑，姑娘所在的一端竹竿便会高高翘起，采茶少女就可以在离地十几米的高空中飞来飞去采摘最为鲜嫩的茶叶。"飞天采茶"人美、景美、茶更美，充分反映了当地古茶树的高大特征和独特品质。

龙脊姑娘飞天采茶（龙胜县农业局/提供）

如今，龙脊云雾茶已发展了独立的当地品牌——"十三寨"，这个名字起源于一个传说。过去为了防御外族的入侵，人们合族而居，建立起了一个个的村寨，逐渐地在龙脊形成了十三个村寨。每个村寨都推举一位寨老管理全寨事物，每个村寨也都会有一个石碑，记载村规民约。而十三个村寨又会推举出一个总的寨老，大寨老召集小寨老一起商定出乡规，再向全寨推广。相传在明朝，当时官府按人口收税，即征收人头税。而龙脊山势绵延，十三个村寨点缀其中，当时官府派来收税的官员见交通不便就问寨老龙脊的人口数量，寨老如此回答："龙脊十三寨，寨寨十三家，家家十三人，各个两公婆。"官员一直没有算出龙脊的人口数，收税的事便不了了之。这个题就是一个谜，至今无人能算出，你能根据寨老的话推算出当时的人口数吗？

龙脊妇女在准备酿酒原料（龙胜县农业局/提供）

龙脊水酒的酿造原料、酿造时间、酿造配料都十分讲究。主原料就地取材，选取上好的龙脊香糯米，在天气温和的九月重阳，加上多种草药配置的酒药和龙脊清澈的山泉水。因为一般集中在重阳节酿造，所以水酒又名"重阳酒"。"龙脊水酒"的酿造工艺并不复杂，壮乡男男女女都会。首先将糯米浸泡在水中，让糯米充分发胀，一般持续一天左右，第二天将发

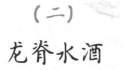

（二）

龙脊水酒

龙脊水酒在国内外久负盛名，虽不敢与国酒"茅台"争名位，却也是一方佳酿，滋味甘醇甜美，入口清甜，老少咸宜。龙脊水酒是壮族自家酿造的，壮语称之为"娄淋"。

龙脊水酒近观（卢勇/摄）

胀好的糯米放进木制的甑子中蒸熟，之后在蒸熟的糯米上洒上冷开水，抖散放凉。糯米放凉后，拌入一定比例的酒药，再将拌匀后的"糯米"放入瓦坛中数日，充分发酵后即成原醅。待其发酵充分后，按照1：1的比例往原醅里加入山泉水浸泡，再密封一个月左右就可开盖饮用了。因为酿造过程不需蒸馏，故称水酒。龙脊水酒也是密封放置的时间越久，就越醇香，要酿造陈年佳酿，必须密封数年以上。在龙脊，家家户户都会备有几坛水酒，龙脊水酒是壮族生活的必需品，平时饮用或是招待客人，亦或是逢年过节，都需要水酒来衬托氛围，大碗喝酒、大块吃肉，对着窗外美景，把酒话桑麻，真是"人生几回月当头，万事莫如杯在手"。

壮族人民素爱饮酒，壮族妇女的酒量也是"深不可测"，不少妇女也敢跟男子比拼酒量。每当家里来客，寨民们都会捧上一碗盛满了热情的水酒来招待客人。龙脊水酒入口甘甜，余味无穷，引得人越发想多喝几杯。龙脊酒后劲十足，在当地有"三个不容易"之说：老酒不容易喝到，喝酒不容易醉，醉了不容易醒。据说有些国外友人认为水酒度数不高，仗着自己酒量大就多贪了几杯，结果一下子醉倒，数日后才悠悠醒来，因此外国友人也将龙脊水酒称之为"东方魔水"。

（三）

龙脊香糯

"一田种糯遍垌香，一家蒸糯全村香"。龙脊香糯是寨民们制作前面提到的龙脊水酒的主要原材料，也是当地民众的重要食物。看来"龙脊四宝"是"互帮互助"啊。早在八百年前，先民们来到龙脊这片山区丘陵地带，为了满足人们对食物的需求，先民们便依着山势陆续引水筑坝，修建水田，种植水稻。层层叠叠的田块垒在一起，形成了如今的龙脊"九山半水半分田"的景色，当地特产龙脊香糯便出产自这片山林间的梯田中。

龙脊梯田的香糯（龙胜县农业局/提供）

当地农户在收获香糯（龙胜县农业局/提供）

龙脊香糯具有米质纯净，洁白如玉，香气浓郁的特点。因香糯蒸熟后黏性极强，能搓揉成团而不散，糯香浓郁，吃起来也是香甜可口，软糯弹牙，因此可以制成年糕、粽粑、糍粑、五色糯米饭等各式传统美味，所以香糯成为龙胜当地的宝贝。龙脊香糯根据颜色可分为白糯米和红糯米，白糯米洁白如玉，不带杂质，红糯米红如胭脂，闻之糯香浓郁，蒸之蓬松弹牙，揉之柔软黏滑，最适合逢年过节制成粽粑、年糕、糍粑等家常美味。红糯米性质稳定，适合长期存放，寨民们将熟透的红糯米饭塞入葫芦里，可以保持几天甚至一星期不变质，所以当地人便在外出劳作时带上这样一个"葫芦"。

"物以稀为贵"，龙脊糯稻的产量非常少，所以当地村民只舍得用于制作水酒、粽粑、糍粑等食物。糯米营养丰富，含有糖类、蛋白质、脂肪、维生素E、钙、铁、锌等人体所需的营养元素，且糯米味甘性温，可以温补脾胃，补中益气，《本草纲目》中就有记载："脾肺虚寒者宜之。"其对反胃、食欲不佳、多汗体虚等有一定的缓解作用，但"糯米黏滞难化，小儿、病人最宜忌之"。

"你可别吹哨子哦！因为一吹哨子，狗就跟着来，把糯米婆婆吓跑了。"这是瑶族一个关于糯米婆婆的传说。从前，瑶山土地都被土司霸占着，瑶民的土地只够充饥，更别说种糯米。有一天，一户瑶民家来了一个老太婆，说她饿得慌。瑶族人看阿婆挺可怜的，把仅存的谷种给煮了，招待她。阿婆吃饱后，留下一袋满满的红糯米种子袋子就走了。主人家把它种在自家地里。红红的稻穗长得奇好，可是地太小，一天就收完了。第二天他又去看地时，稻穗又长出来了！他觉着奇怪，偷偷看个究竟。他看见阿婆又出现了，拿着箩筐，往地上一罩，地上又奇迹般地长出红稻穗来。土司知道了，妒忌无比，捎上猎狗，把阿婆吓跑了。狗是瑶族的图腾，阿婆自然没再来过。但瑶族一直把她称为糯米婆婆，作为谷神。

以龙脊香糯为基础，当地形成了独具特色的稻作文化，这是整个龙脊文化最重要的内核，也是当地民族文化的主体。当地各族百姓通过龙脊梯田稻文化的代际传承，也将整个社会的历史与文化记忆融入其中，包括其家族观念、宗教信仰、风俗习惯等，地方历史与社会价值观念都以集体历史记忆的方式被铭记，社会认同和文化自觉由此产生。龙脊梯田文化不仅包含了以稻作生产为主体的农业生产方式和相关的耕作文化，更重要的是传统的稻作文化也借此获得了特殊的情感升华，蕴涵了特殊的生命意义，并融入地方社会文化的各个方面。

（四）

龙脊辣椒

龙脊辣椒早在四百多年前就发挥着它"珍宝"一样的价值，当时龙脊辣椒可作为当地村民的"硬通货"用来兑换食盐和其他用品。龙脊辣椒种植始于明末，至今已有400多年的种植培育历史，与龙脊茶、龙脊香糯和龙脊水酒并称为"龙脊四宝"。龙脊一带家家户户都会种植辣椒，龙脊辣椒越来越受国内外游客的青睐，供不应求，村民仅靠几亩薄田就能收入上万。现在8月丰收季，村民都自发组织千人摘辣椒、晒辣椒、吃辣椒比赛，引来了众多国内外参赛者，逐渐形成了现在的"马海辣椒节"。

辣中带香甜的龙脊辣椒
（龙胜县农业局/提供）

晒晾中的龙脊辣椒（龙胜县农业局/提供）

龙脊辣椒外形短而尖，颜色鲜亮，形状呈牛角形。辣椒肉厚籽少质脆，味道浓郁而诱人。别看辣椒味辣，但是营养丰富，内含可增进食欲的辣椒素和人体所需的多种维生素，特别是维生素C的含量在蔬菜中位居第一。姚可成在《食物本草》中记载："（辣椒）消宿食，解结气，开胃口，辟邪恶，杀腥气诸毒。"《本草纲目拾遗》也提到实例："辣茄性热而散，亦能祛水湿。"说明辣椒具有开胃消食、逐寒祛湿的功能。龙脊的气候为亚热带季风气候，气候较北方都有些潮湿，吃辣椒正好应对了这一气候特点。

在龙脊，家家户户的饮食都离不开辣椒。首先是饮食常驻"嘉宾"辣椒酱。除了辣椒酱外，龙脊辣椒还可加工成干辣椒、辣椒粉、辣椒油、腌制酸椒等调料产品。龙脊辣椒是游人喜欢购买的土特产，谈到购买不得不提"辣椒王国"马海村。马海村位于龙脊风景区内的一个偏远的山坡，属于典型的高山高寒性亚热带季风气候区，海拔主要分布在600～1 300米，气候温和，所产的龙脊辣椒素以色度大小均匀、色泽鲜艳、香辣可口著称，品质更胜一筹，每年夏秋交替的时候马海村家家户户房前屋后都晒晾着辣椒，空气里都弥漫着辛辣的香味。

（五）

凤鸡翠鸭

在家禽界，龙胜存有两宝："龙胜凤

鸡"和"龙胜翠鸭"。凤鸡和翠鸭都是龙胜当地人长期选育出的优良家禽品种，2009年8月被国家畜禽遗传资源委员会确认为地方特有新物种和农业部国家地理标志农产品。

　　龙胜凤鸡，又称"瑶山鸡"，由瑶族人养殖而成，由于瑶族世代久居深山，很少与外界接触，所以龙胜凤鸡基本不与其他品种杂交，保持了其特有的纯种基因。龙胜凤鸡体型较小，外表华丽，毛色鲜亮多样，外观如"山中凤凰"，羽毛上会镶有一圈金色或白色的边，当地人便根据这种镶边羽的颜色将凤鸡分成"金凤"和"银凤"两个系列。凤鸡还有人类的特性——"穿裤子"。有的凤鸡脚胫上长有较长的脚毛，有的凤鸡的羽毛长至脚踝，我们形象地称其为"穿裤子"。

当地村民饲养的龙脊凤鸡（卢勇/摄）

　　凤鸡生长周期较长，适应和抗病能力却很强，大多散养在山区的林地果园间，凤鸡主要吃林间的小虫子和草，但饲养者也会在饲料中辅以玉米粒、稻谷等。龙胜凤鸡肉质鲜嫩，营养丰富，对患有畏寒、虚弱、贫血等症的人群有很好的滋补作用。目前，龙胜境内的和平乡、马堤乡、泗水乡、瓢里镇、三门镇等十个乡镇都有凤鸡的分布。

　　翠鸭也称之为"洋洞鸭"，是目前我国仅知的三种黑羽鸭（另两种分别为文登黑鸭、莆田黑鸭）之一。"洋洞鸭"是侗族语，大意是"苗族人养的鸭子"。龙胜翠鸭具有独特的体形外貌，有极高的观赏性，并且肉质细嫩无腥味，是鸭中不可多得的珍贵品种。据《龙胜县志》记载，"洋洞鸭"羽毛黑色带翡，产青壳蛋，合群性好，适宜于水面和稻田放养。龙胜翠鸭觅食性好，生活力强，体型稍长，羽毛墨黑色并带金属光泽，少数鸭只颈及胸下有白斑，镜羽墨绿色。成年公鸭头颈羽毛为孔雀绿色，性羽呈墨绿色向背弯曲。雏鸭绒毛呈黑色，10%~20%颈及胸下间有黄毛斑。与凤鸡一样，翠鸭也生活在"与世隔绝"的高山环境中，遗传性能稳定，这使"两黑"（黑羽毛、黑脚）的外观特征极为明显。但翠鸭的分布范围比凤鸡更小，只存在于龙胜马堤乡、伟江乡两个苗族聚集区一带。

山溪里觅食的翠鸭（卢勇/摄）

　　翠鸭已"渗透"到了苗族人生产生活的方方面面。翠鸭肉质鲜美细嫩，没有鸭腥味，常作为苗族同胞在节庆日招待宾客的美味，当地人还会用翠鸭熬成的汤冲泡茶叶，祈求丰收的风俗中同样会用到翠鸭。苗族婚礼有一个抢"铺床鸭"的习俗，抢的就是翠鸭。婚礼当日男方父母将准备好的鸭子作为礼物当众酬谢帮忙为新娘铺床的妇人，一位男青年引导妇女们争抢翠鸭，既取悦了宾客，也烘托了婚礼的喜庆气氛。

凤鸡、翠鸭近观（卢勇/摄）

（六）

咽炎圣品罗汉果

在龙胜，有一种果子，外形为球形或者长圆形，夏季开花秋天结果，气微味甜，药用价值非常高，人称"神仙果"。旅途劳累者喝一口这种果子泡的果茶，就能缓解咽痛口干等旅游综合征。你没猜错，说的就是龙胜著名的土特产——罗汉果。

罗汉果在龙胜的栽培史已有两百年，品种资源极为丰富，一般生长在海拔300～1 400米区域内，喜欢湿润多雨的环境，而龙脊梯田地区可以提供罗汉果生长发育所需要的生存条件，因此龙胜是罗汉果的主要产业区之一。

咽炎圣品——罗汉果（龙胜县农业局/提供）

关于罗汉果名字的由来，有许多的版本。相传在远古时期，天降虫灾，神农尝百草找寻解决方法却无果，佛祖怜神农之苦，派十八罗汉下界解难，其中一罗汉许下灭尽天下虫灾才重返天界的誓言，于是化身罗汉果。还有村民说因为果实的根块圆而胖，像极了罗汉的肚皮，因此得名罗汉果。流传最广的传说是广西有一位姓罗的瑶族樵夫，他每天努力砍柴赚钱为母亲治病。一次樵夫在砍柴时被马蜂蜇伤，疼痛不已，头晕目眩，在下山的途中，樵夫偶遇到青藤上的圆果，发现果实味道香甜可口，樵夫将果实的汁液涂抹到伤口处，不久发现头晕疼痛等症状消失了。樵夫便采了一些神奇的果子带回去给母亲食用，他母亲食之感觉入口甘甜、清凉无比，病很快痊愈了。这件事被一位名为"汉"的郎中得知，他在樵夫的带领下摘到了此果，经过长期的研究和实践，郎中将此果运用到行医治病中，获得乡亲们的赞誉。因为樵夫姓罗，郎中名汉，人们就将这种果实称为罗汉果。

正如传说中那样，罗汉果确实是药食两用的材料，营养价值很高。罗汉果味甘而性凉，具有抗衰老、清热凉血、清肺利咽、止咳化痰、润肠通便、排毒养颜等功效，对于治疗痰热咳嗽、肺结核、急慢性咽炎、大便秘结、消渴烦躁等病症有一定效果。

龙胜罗汉果目前被中国药文化研究会确定为"中国罗汉果道地药材产区"，获农业部"国家地理标志农产品"荣誉称号。罗汉果的生产销售也成为龙胜重要的产业。近年来，政府开始重视并加强产业引导，出台扶持政策，2004年种植面积九千多亩，产量三千多万个，到2011年的时候，产量就已超两亿个。2013年全县种植罗汉果面积达2.5万亩，比上年增加7 000多亩，产果量达2.16亿个，产值达1.08亿元。2013年全县新建罗汉果烘烤房达101座，可烘罗汉果干果4 900多个，占全国罗汉果产量的42%。

罗汉果的功效

罗汉果（学名：Siraitia grosvenorii）是葫芦科多年生藤本植物，为卫生部首批公布的药食两用名贵中药材。其所含罗汉果甜苷比蔗糖甜300倍，不产生热量，是饮料、糖果行业的名贵原料，是蔗糖的最佳替代品。其叶心形，雌雄异株，夏季开花，秋天结果。中医以其果实入药，含有罗汉果甜苷、多种氨基酸和维生素等药用成分，主治肺热痰火咳嗽、咽喉炎、扁桃体炎、急性胃炎、便秘等。是中国广西桂林市著名特产，是龙脊四宝之一。罗汉果还以可以煲汤，比如罗汉果猪肺汤、罗汉果山药鸡汤、罗汉果百合红枣乳鸽，平时在煮汤的时候加入罗汉果调味都是可以的，孕妇等特殊人群都适合！如今，龙脊的罗汉果多制成果茶，常饮罗汉果茶，可以预防多种疾病，美容养颜，延年益寿。

虽然罗汉果无公害，可以安全食用。但是罗汉果性凉，肠胃不好体质虚寒的人要注意限制食用的分量，不要喝太多，一天的饮用量大约是600毫升，相当于2盒半纸盒装的牛奶。

七

诗词歌赋里的
龙脊梯田

广西龙胜龙脊梯田系统

（一）
诗十一首

杂古·红瑶寨印象

莫一波

　　登山越岭采风来，大美金坑瑶寨开，踏着石板小路走，走过梯田一排排。金江流水清幽幽，两岸青龙卧山头，山头银杉擎天柱，托起红瑶吊脚楼。楼群四周青龙趴，梯田流水润百花，两座索桥青山架，连结两岸红瑶家。瑶家女子天仙美，个个秀发披双肩。青丝如黛头巾缠，髻盘别致红衣衫。溪边梳洗荡开去，一帘瀑布挂山间。种养是里手，手巧多财富。养猪壮如牛，牛羊肥鼓鼓。翠鸭塘中歌，凤鸡楼下舞。蘑菇三鲜汤，竹笋配嫩肉，宾馆老板娘，家庭好主妇。沏茶壶壶似琼浆，酿酒坛坛胜玉露。山歌一句醉百鸟，婀娜多姿舞翩翩。插秧快如鸡叮米，挑担过岭燕巡天。飞针走线绣锦绮，点缀伞式百褶裙，几多帅哥棒小伙，挺进瑶山做郎君。瑶乡奇，瑶山美，奇美红瑶在龙脊。

五律·广西龙脊梯田农业系统

刘丰田

嘉禾龙脊茂，曲埂接青霄。

水面明如镜，云层薄似绡。

清流盘岭远，仄路望村遥。

岁岁承丰稔，山家世代骄。

五排·龙脊梯田年年五谷丰登感赋

黄道超

凭栏吊脚楼，谷顶不飞鸠。

石板铺云路，田塍绕土丘。

壮乡闻古乐，瑶寨庆丰收。

生态无灾害，运营多旅游！

梯田叠龙脊，外客束狐裘。

最忆春耕景，莺鸣吆喝牛。

七律·龙脊梯田开耕感怀

王建明

龙脊梯田分外娇，层层弦月叠山腰。

七星①环链妍岗野，五虎②蜿蜒壮碧霄。

放眼畦畴铁锄舞，开耕泥浪伴歌飘。

村民喜借春风手，巧架山乡富裕桥。

注：①【七星】即七星伴月，龙脊景点之一，由七座圆形山坡上的梯田围绕一个山顶水田组成，酷似七星伴月。②【五虎】龙脊景点之"九龙五虎"，指站在龙脊景点的最高山顶朝对面看去，有九条山脉的梯田形似青龙，其中有五条山脉的下面部分形状很像老虎而得名。

七律·广西龙胜脊梯田农业系统

王义

举步登高上碧穹，梯田揽胜绕晴空。

壮乡竖脊白云伴，瑶寨竹房绿岭生。

似塔禾山堆晚稻，如螺野径响牛铃。

一层碧水催新翠，万亩幽林布谷鸣。

七律·广西龙脊梯田

陈俊明

层层叠叠满山川，万转千旋八百年。

青带飘扬瑶寨雨，金环缭绕壮家烟。

九龙起伏群螺现，五虎徘徊众塔连。

世外风光何处有，梯田一路上天边。

七律·龙脊梯田美如画

蔡教光

绝世风光汗水连，巍巍屹立美无边。

千层宝塔银光闪，万叠天梯碧浪掀。

溢彩秋禾迷皓月，素装冬雪醉山川。

谁施巧手造仙境，诱得游人入梦甜。

七律·桂林龙脊梯田景观

郑国兴

山高千米溢清泉，瑶壮辛勤祖辈传。

引水分流织网络，凿岩运土筑梯田。

春情春景云中画，秋色秋丰梦里篇。

伴月七星何处有？金坑大寨宇寰间。

七律·龙胜梯田

韦春超

绕绕环环好壮观，斑斓五彩挂云端。

山青水碧醮祥日，手巧心灵铸梦川。

细雨无私滋大地，春风有幸戏微澜。

龙都胜景迷人处，游客流连尽忘还。

七律·咏龙脊梯田

莫一波

崇山峻岭罩曦霞，流水偏桥瑶壮家。

春雨潇潇添绿意，龙鳞闪闪放光华。

蛮腰一扭千丛绿，长发翩飘满垄霞。

五虎九龙金佛顶，七星伴月映天涯。

七绝·广西龙脊梯田

柳茂坤

层层叠叠画图中，烟雨迷蒙溪水清。

水稻葱姿无限媚，游人期盼岁丰登。

（二）

词十阙

浣溪沙·龙脊梯田

王琳

九曲龙盘罩碧纱，几丝云径记桑麻。仙台襟袖醉天涯。

赋得春歌衣溅水，可期秋事眼生花。精勤玉琢富农家。

霜天晓角·龙脊梯田

王泉浚

万叠梯田，稻从山脚盘。顶树森森郁郁，云雾薄，画屏妍。

千年文化园，白衣鼓舞欢。民舍栏杆群立，龙脊棒，壮瑶天。

121

西江月·广西龙脊梯田农业系统

曹继楠

世界梯田之最，刀耕火种开元。祥云缭绕似仙山，壮寨瑶乡画卷。

姹紫嫣红开遍，平平仄仄梯田。弯歌铜鼓①舞清欢，赞颂先民贡献。

注：①【弯歌铜鼓】这里保存着以梯田农耕为代表的稻作文化、以"白衣"为代表的服饰文化、以干栏民居为代表的建筑文化、以铜鼓舞和弯歌为代表的歌舞文化和以"龙脊四宝"为代表的饮食文化，构成了龙脊梯田独具特色的文化吸引力。

鹧鸪天·赋广西龙脊梯田

陈立东

醉看天光映水光，云思妩媚照霞妆。竹摇日影楼头挂，绿抹田塍镜框镶。襟裁窄，带飘长，年轮恍似树沧桑。忽然几缕炊烟上，已嗅瑶家筒饭香。

鹧鸪天·龙脊梯田

袁桂荣

山顶迷蒙仙雾飘，群龙起脊耸云霄。芳洲香引七星落，古律诚推八桂标。螺塔美，稻花娇。诗情画韵绣民谣。风情当谢壮瑶祖，智慧滔滔赛舜尧。

踏莎行·广西龙脊梯田

宗宝光

龙脊蜿蜒①，稻花香馥。桃源美景丰年驻。如螺似塔展新颜，富民更上康庄路。溪水轻流，白云曼舞。回眸旧史长歌诉：栉风沐雨历千年，开山造地奇功著。

注：①龙脊蜿蜒如春螺、披岚似云塔。

一剪梅·广西龙脊梯田

刘景山

火种刀耕赖务农，何处飞来，鳞脊苍龙？云遮雾绕笼梯田。螺塔峰尖，麦稻葱茏。铜鼓弯歌①壮寨风，仙子银裙，舞带霓虹。桂林阳朔脸羞红，大象低头，龙颈藏胸。

注：①【弯歌】：广西壮族的民间流传的情歌，叫弯歌。例如：宋祖英的《弯弯的情歌》，瑶族壮族，节日边敲锣边唱情歌庆祝梯田丰收，爱情结果。

满庭芳·龙脊情思

陈敬裕

山状崔嵬，梯田千亩，玉带环绕重峦。吊楼村寨，云影佛坡妍。桥仰三鱼石首，廉碑撰、名显清官。悠扬韵，瑶男壮女，嬉笑舞歌欢。奇观，龙脊美，春苗吐翠，夏绿波翻。叹金稻葱茏，雪地叠毡。恶水穷山变也，八百载，情动苍天。客争赏，味香四宝，饰艺喜相传。

沁园春·广西龙脊梯田

丛延春

北宋起源，清初成就，宏伟壮观！望春披绿锦，千层叠翠；秋飘金带，万户欢颜。白雾迷蒙，红楼团簇，龙脊盘桓落九天。称奇迹，那高山流水，景色悠然。梯田飘逸云端，民风正融和世代传！喜壮家美酒，醉酬远客；瑶村舞蹈，意结情缘。五虎骧龙，七星伴月，四季依时稻谷鲜！芦笙响，赏男儿铜鼓，螺髻衣冠！

莺啼序·广西龙脊梯田

黄道超

余在山村长大，出门抬头见梯田层叠到云雾飘渺中，谓狮子山。虽无龙脊梯田般壮观，但自幼对家乡山、水、田、林、路和村的韵致颇熟悉，又闻惯乡土味。年轻时挖筑过梯田，曾走访本公社众多村落，住过吊脚楼。每当谈及故乡广西的龙脊梯田时，如置身其中，总获感受，尤春秋两季更令人神往。

游人梦登岭上，看梯田风景。如龙脊、高耸云霄，曲线清丽遒劲。听笙乐、欢天喜地，山村热闹年年庆。更丰衣足食，安然少灾无病。昔日蛮荒，悠悠百越，况远离市井。处平和、创造文明，先民生活途径。点天兵、九龙五虎，靠双手、绘桃源境。赏明珠，伴月七星，佛光金顶。如何建筑？砌叠田塍，凿顽石钎硬。刨沃土、顺坡填满，瘦似缥绫，阔若胸襟，爬网平整。接银河水，冬淹补漏。先耕旱作两三载，自元朝、悠久后人敬。天然画卷，含烟绚染恢弘，引游客访龙胜。清明谷雨，孔雀开屏，任绿苗尽竞。抗旱涝、杀虫耘耔，特产油粮；储水森林，碧空清净。中秋绿少，千层霜露，壮乡瑶寨多秋实，念三农、奔小康神圣。朝阳晒出金波，穗子沉沉，谷仓万顷。

（三）

曲四支

【仙吕】一半儿·广西龙脊梯田四首

于海洲

其一

七星伴月展奇观，虎卧龙眠八面山。大壮梯田涛浪卷。稻接天，一半儿深黄一半儿浅。

其二

红瑶大界百千重，乐奏金佛顶上钟。漫步天梯云路迥。近苍穹，一半儿龙鳞一半儿垅。

其三

开春水满映天光，入夏禾穿碧绿裳。金塔堆成秋日朗。雪茫茫，一半儿吟诗一半儿赏。

其四

龙脊农史逾千年，开垦梯田始大元。福地洞天鹰翅展。智非凡，一半儿开发一半儿管。

注：【其一】平安壮寨梯田有"七星伴月"和"九龙五虎"两大著名景观，景色秀美。【其二】金坑大寨红瑶梯田有"大界千层天梯"，"西山韶乐"和"金佛顶"三大著名景观。【其三】层层梯田若级级金阶，梯田环绕的山峰又似座座金塔。【其四】登上金佛顶景点，可以看到"雄鹰展翅"和"金线吊葫芦"及日落的景观。

（四）

联八副

广西龙脊梯田农业系统

孙宗会

谁于龙脊开仙境；

爱撒梯田绘画廊。

题广西龙脊梯田联二副

赵耀景

其一

如塔似螺，叠叠梯田铺画卷；

欲飞还卧，条条龙脊展风情。

其二

八百年汗水，融入梯田，绘就规模磅礴恢宏画；

三万里山河，移来龙脊，吟成气势雄浑绚丽诗。

题广西龙脊梯田农业系统联

葛永红

追星逐月，龙脊绵延，长梯若带缠金梦；

踏浪扬波，山形跌宕，小路如绳捆大田。

题广西龙胜龙脊梯田联

祝大光

山山滴翠，水水流金，瑶寨稻丰呈画意；

步步登高，年年追梦，云梯龙借上青天。

题广西龙脊梯田农业系统联

吴成伟

一处肥畴，一处耕农，眺望凝眸，是世上梯田之冠；

几分秀色，几分清韵，登临醉眼，即人间极乐之乡。

广西桂北龙胜山区梯田系统

杨曦光

弯歌婉转，唱难全龙脊膏腴，稻薯田园，自然文化双融合；

铜鼓铿锵，宣不尽白衣美饰，栏居古寨，汲古沿今一嫡传。

题广西龙胜龙脊梯田系统联

邵玉良

望琼田万顷，春飘银带，夏滚绿波，秋堆金塔，冬舞苍龙，问举步登临，天梯谁筑？

赏古寨族群，壮晒红椒，瑶陈香糯，侗炒芳茗，苗斟美酒，恰凝心品鉴，好梦同圆！

（五）
赋六篇

广西龙胜龙脊梯田赋

张洪欣

　　若夫大量梯田，展示一方风采；清新秀景，传承千古乡情。观其丰富资源，令人眼亮；赏此优良生态，令我心明。山也蔚为壮观，顶天立地；田哉平整宽阔，凤舞龙行。风起时，禾摇苗动；燕鸣处，柳暗花明。千秋沃土生辉，古今传福；四季清风送爽，中外扬名。可谓花草香，景观美；方圆广，山水清。

　　尔其梯田历史辉煌，起源于大宋也。忆旧景，情韵深，思昔时，古风重。荒野形成无序，荆出棘生；先民奋发有为，刀耕火种。开山造地，化野为田；种稻收粮，古传今颂。于是花红果茂粮丰，梯田出彩；地利天时人喜，好梦成真。八百年沐雨经风，打造人间宝地；数十里图强创业，建成山上新春。

　　至若今朝龙胜，无限风光。风吹万亩梯田，金波荡垄；日照千家门户，福祉盈房。黎庶同心，正能量人人传递；官民携手，好作风处处弘扬。逢山水传情，心花常伴山花起舞；值人文焕彩，脑海总随稻海飘芳。嗟乎！锦绣梯田，造福放飞大业；文明百姓，豪情奔向小康。

龙脊梯田赋

崔书林

　　桂山异境，龙脊梯田。绝乎禹甸，甲彼大千。势之恢恢，磅礴于地；色之杲杲，炳焕于天。戴月披星，俾沧桑以璀璨；贲筋立骨，毓神彩于壮观。朗朗焉圣域流光，妙其天下；烨烨兮灵墟射紫，祎乎人间。

粤若斯域，洵乃玉宫神阙，世外桃源。

溯乎其史，宋至于清。累万民之毅慧，追千载以峥嵘。蠕其饥肠，筚路蓝缕；躬乎裸背，火种刀耕。将坡地变梯田，奋以代代；俾遐荒而玉锦，裁其层层。诚堪命运抗争之作，智才缔构之晶。乃有螺之逸秀，塔之崇闳。而观资源蕴蕴，生态葱葱。峰载古林之郁，谷怀瑶宝之盈。森影庥其水亩，寨门揽其梯容。况复风物芸芸，声乎其远；粮蔬累累，纳之于丰。稻浪张扬，势于漫野之滚；梯田层叠，彰其接天之隆。而炫炫迤迤，舞长弧以罗曼；彪彪蔚蔚，衍浩韵于天穹。景标四序之异象，光熠七色之霓虹。惜巴利①之色逊，独寰宇之恢宏。若乃龙脊文蕴，壮瑶风情。吊脚木楼，构之以慧；山歌水韵，昭乎其雍。而袂挽流彩以靓，酌凌素飙而琼。

猗欤，万层膏畴，蓄春秋以烈壮；一方宝域，彰日月于清韶。于是遐风濡乎其间，煊煊焕焕；精神凝乎其里，仡仡潇潇。岂惟八桂之绝胜，乃媲九州岛岛之瑾瑶。遂尔怜之遗产，至珍至贵；庥其生态，允妖允娆。休闲之歌，醉乎其垄；小康之梦，圆乎今朝。

注：①【巴利】即指印度尼西亚巴利岛上著名的德格拉朗梯田风光。

龙胜龙脊梯田赋

鲁亚光

壮赫之景兮盘山绕岭，跌宕之观兮直挂云天。叹此梯兮，具小螺大塔之状；但为田也，其势冠绝宇寰。传于神龙之脊落寨，先族结户而繁。侗壮之风长衍，瑶苗之韵远绵。火种刀耕，开山劈峰梯地；犁田灌水，种稻植谷丰园。大小异形，青蛙一跳三块；高低错致，蓑衣一床盖田。

至于生态良好，物种博丰。民风敦朴，文化亲融。时移景易，变化无穷。落差巨大，四季分明。水满垄畴，春山银链带串；嘉禾吐翠，夏野浪泄遥穹。沉沉稻粱，深秋金塔雕雺；皑皑瑞雪，隆冬白玉砌城。既成世界之最，天下一绝名宏。乃于候润气和，远眺缈缈云雾；山高谷邃，近听潺潺流淙。鼓舞弯歌，龙脊特色独具；干栏稻饰，梯田诱力殊浓。壮民之区，山歌原汁原味；红瑶之域，礼俗古韵纷呈。

千年沧桑风雨，重要遗产弥鲜。今者产业革造兴创，深挖珍护承传。农副生产踊跃，加工伴以休闲。梯田系统求推新念，现代化农业成大观。良态保持，尽享资源之馈；增收获益，弘彰动力之坚。因地制宜，普通作物沃种；裁衣量体，标志产品领先。

嗟夫！盛世谋远，嘉年策隆。乃于尧天舜日，助推胜地华雍。且饮龙脊水酒，诗境天梯昂胸。登峰造极，襄磅礴于浩瀚；振聋发聩，蕴奇彩于瑶宫。

广西龙胜龙脊梯田赋

仇金中

夫一方山水，养育一方。广西之龙脊，环境最优良。望梯田以层叠，观独特之风光。自然生态风情，壮瑶民俗；享誉盛名中外，龙胜辉煌。历史溯源，始宋至清初完建；刀耕火种，历开山造地种粮。小之丘，如螺丝缠绕；壮之岭，似宝塔呈祥。深谷高山，显落差之大；分明四季，亚热带之乡。资源丰富之区，名优产品；世界梯田之冠，美誉远扬。周边云雾高山，如临仙境；河谷急流奔泻，恰似琼浆。水稻辣椒，芋头红薯；凤鸡罗汉，茶叶鸭香。实乃地肥景美，物阜之仓也。

至若历史渊源，农耕文化。查龙脊梯田生活，八百余年；访梯田稻作传承，几朝佳话。山上民居之建筑，特色楼房；白衣服饰之仪容，奇葩华夏。铜鼓舞，激昂民族之风情；和鸾歌，窈窕女男之婚嫁。乡村四宝[①]，地方特色香醇；龙胜一奇，独特景观天下。

是以国家进步，时代创新。人们利用梯田，旅游创业；农副休闲产品，天下奇珍。国家政策出台，加强保护；挖掘传承管理，促进富民。民族山区，独具优良生态；梯田农业，迎来美丽新春。小康梦想之花，争奇斗艳；现代农民之智，科技耕耘。山河锦绣，幸福长存！

注：①【乡村四宝】即龙脊茶叶、龙脊辣椒、龙脊水酒、龙脊香糯。

龙脊梯田赋

钱奕和

广西龙脊，苍山挺秀，川水呈蓝。看山，群峰起伏，曲折蜿蜒，有陡坡生险，峭壁惊颜；听水，泉飞溪谷，如鸣佩环，有狂澜奔海，细流润岩。此间气候温润，夏凉冬暖，鸟啾山涧，雾绕峰峦。农耕早息刀耕火种，日作久为石砌梯田。瑶壮先民，凭智慧创造奇迹；炎黄子嗣，仗勤劳开出新天。

登龙脊以观大象，览梯田而仰先贤。依风物可分四季，遗胜迹卓尔不凡。山峁嵌村寨，岭头袅炊烟。铜鼓舞边脆，山歌云外传。小伙罗衫轻似扇，姑娘长发散如仙。芳香清影处，曼妙白云边。条条梯线构图，小山成螺，大山成塔；缕缕霞光扮景，远看缥缈，近看斑斓。

平安壮寨前，数百米高坡扬绿浪，浪涛如海。海中腾九龙，九出山梁承主脉。啸风雄五虎，层层金谷虎纹缠。龙田弯似月，虎踞月高悬。中间七星耀，闪烁月光妍。九龙五虎，七星伴月，双景相映，趣味平添。金坑红瑶处，秀三景奇观成一绝，养眼在田。坑围山四面，地理属天然。金穗西山奏韶乐，梁绕清音空谷旋。大界千层天有路，登梯可上白云巅。雄鹰展翅金佛顶，线吊葫芦落日闲。揽金坑红瑶①梯景在胸，坤旷干高，神怡心爽，红尘去矣，世俗远焉。

噫！《八声甘州》词曰：

望福平包上彩霞飞，桂水也流丹。布三阳紫气，南疆春色，龙脊云鬟。翻阅农耕史页，行色系渊源。击壤歌新韵，袖舞蹁跹。世界粮农组织，识珠舒慧眼，点赞轩辕。慨中华毅力，叹我九州岛田。数年轮、层层叠叠，问寿庚、丰岁越千年。金光灿，辉煌着墨，壮丽成篇。

注：①【金坑红瑶】梯田有三个观景点，即西山韶乐、大界千层梯田和金佛顶。福平包乃景区最高峰。

广西龙脊梯田赋

莫一波

华南桂北，山岭连绵，草丰林茂，生态乐园，坐拥龙胜之县，环抱龙脊之田，世界梯田之冠，盛名果不虚传。

梯田创于元朝，工程完于清代，赏其宏大规模，田园风光气派。总面积七十余平方千米，千万块梯田，倚偎龙脊；错落高低，横天亘地。最低海拔三百八，最高海拔一千米。千层云梯，六百五十多年历史。善哉，善哉！龙脊梯田，风光旖旎。华夏大地之乐章，壮家瑶民画笔。

君不见层层叠叠圈圈，盘盘曲曲弯弯；缠山围坡绕岭，巨螺倒挂天边。如雄伟之宝塔，对星月而堆尖；更像草原上之斑马，碧海上之轮船。恢宏气势，磅礴壮观。春水入田间，山间飘玉带；夏日敞胸怀，旷野叠青黛；秋阳挥纤手，梗糯搭金台；冬寒龙安卧，天女散花来。怎能忘龙脊四宝，龙胜名牌。山歌一首，表我心哉！壮家糯米喷喷香，火把辣椒红满岗；龙脊水酒胜玉液，瑶山茗汁赛琼浆。君不信，亲自尝，舔一丝牛角红椒，满腔热情火辣辣；饮一盏龙胜米酒，古赋新诗韵潇洒；嚼一口糯饭糍粑，情意绵绵暖如夏；喝一杯龙脊靓茶，气朗神舒如羽化！

再回首，条条青龙卧碧岭，层层梯田入云天；笙歌鼎沸彩群舞，瑶山神韵生紫烟。歌曰：

龙脊梯田兮！国之瑰宝，民之乐园；锦绣中华兮，美在山水，美在田间！

八

留住这片
壮美的梯田

广西龙胜龙脊梯田系统

从农业文化的视角看，龙脊梯田不仅是一片在山地上沿等高线分段建造的阶梯式农田，它还是一个文化载体，凝聚着我国桂北的龙脊山区当地人民利用自然、改造自然、创造农业生产、生活的全部内涵。从生计安全来讲，龙脊梯田群是该地区内8 000多人生计的基础，种植业、农产品加工业、旅游业是当地农民收入的主要来源，对周边城镇及县城3万多人的生活有间接影响。同时区域内常绿植被区中乔木、灌木、草本、蕨类、苔藓千余种植物的有机结合，构成良好的森林植被，也为众多动物提供了栖息地，保持着较完整的生态系统和丰富的生物多样性。

近年来，由于经济发展的压力，当地资源被过度索取，森林资源、水资源等逐渐减少。龙脊景区38万人次的游客量给区内水资源和生态造成巨大的压力，连续出现用水紧张、水质恶化、水资源总量减少等情况，梯田塌方现象频频出现。根据实地测量调查，龙脊梯田区域内20平方米以上塌方达409处，崩坍田块面积已占水田面积的7.14%。大量施用化肥、农药和除草剂等化学药品，梯田土壤的质量却受到了严重的冲击，当地的野生动植物品种面临着外来物种的威胁，这使得农业生物基因资源丧失严重，生态环境遭到破坏。旅游业等现代产业的冲击导致很多年轻劳动力放弃对梯田的管理，积极从事获利较大的第三产业，传统的生产方式及文化生活状态受到冲击。

保护龙脊梯田已经迫在眉睫，如果任这种状态发展下去，那么龙脊梯田很可能像国外北非、地中海沿岸、法国、中美洲等地的梯田一样，逐步消失，退出历史舞台。保护龙脊梯田，同时也要保护龙脊梯田的文化空间、文化载体以及载体共存的文化创造力。

（一）
资源流失，传承之困

在龙脊开创之初，当地的百姓日出而作，日落而息，过着自给自足的小农生活。随着各寨人口的增加，村民们必须开垦出更多的耕地来维持生计。接着大量的森林被砍伐，众多的草地被清理，山岭变成了旱地，许多优良种质资源失去其赖以生存的环境而面临流失困境。一些古树分布于山坡、悬崖、丘陵等处，现如今土壤贫瘠，水土流失严重，养分不能维持其正常生长，古树经常因为严重的营养不良而逐渐衰弱甚至死亡。此外，由于大量使用化肥、农药，居民大量使用原木建房，砍伐森林，梯田和森林的生态平衡受到不小的破坏，野生动物不少已经灭迹，在实地调查访谈中不少村民说"大型野生动物现在已很少见到了"。

（1）经济发展压力大，梯田景致受影响，生态系统遭到破坏

随着龙脊梯田知名度的提高以及观光旅游业等相关产业的发展，龙脊地区的人流量越来越大，当地的生活状态变得紊乱，其生态环境和资源使用都面临着威胁。原先居民的绝大部分时间都从事农业生产，十二道农事精益求精，"三犁三耙"保证梯田土壤的肥力。梯田内常年存水，至少蓄水半年以上，以此保证梯田的黏性以防止崩田事件。然而巨大的人流量使得生活用水激增，抢占了原本正常的农业生产水源，梯田的蓄水量和蓄水时间大幅度缩减。缺少生命之水的龙脊梯田，首先"半亩方塘一鉴开，天光云影共徘徊"的自然美景逐渐减少。其次，短时间的蓄水没有办法保证梯田土壤的黏性，所以出现了梯田开裂、塌方的现象。2005年，平安寨就曾发生过大规模的梯田塌方事件，现在每年都有大面积的梯田塌方，龙脊梯田的观赏价值大打折扣。梯田的特色是窄长的田块盘绕在山脊上，田埂、田水或作物构成的曲线抽象图十分优美，撂荒、塌方、干裂等情况的出现使得这种曲线美已经不够完美。

荒芜的梯田（卢勇/摄）

另外，水资源浪费现象也十分严重，生活垃圾随意排放，整个龙脊地区的水资源污染、浪费十分严重，而且原始的污水排放系统容量小，许多生活污水堆积在一起，龙脊的生活环境遭到了毁坏。

（2）现代文明的冲击，传统的农业劳作和风俗习惯逐渐削弱

传统农业生产具有周期长、投入大、收益低的特点，随着当地旅游业的开发及其带来的高额经济利润的刺激，大量劳动力从田间地头转向旅游服务业，所以寨民将原先用于农业生产的时间进行其他产业活动。对待农业生产也是"快餐化"，为了减少劳作时间，提高耕作"完成率"，"三犁三耙"逐渐演变成"一犁一耙"，梯田质量急剧下降，进而影响农作的生长质量。其次，一些受过教育的年轻人憧憬城市的现代化生活，不太愿意在村寨从事相对繁重的梯田农业劳动，相继外出打工。目前，龙脊地区农活劳动力基本都是年纪在50岁以上的老年人，而55～65岁的老农竟然是最主要的劳力。随着这一批老农的衰老，龙脊梯田的传统农业生产如何传承延续是摆在我们面前的一个严峻问题。

年轻人流失引发的另一个重要问题是龙脊农业文化以及社会风俗习惯的传承难以为继。与梯田景观紧密联系的古聚落，由于受到现代文明的冲击和旅游业的影响，龙脊各族人民的传统观念有所削弱，一些传统的祭祀活动已不再举行或很少举行，或者仅仅为经济效益而进行仪式性

演出。许多遗产要素已经商业化，传统文化内涵逐渐减少。其次，由于年轻人纷纷外出打工或者从事旅游等第三产业，龙脊人在长期的农业生产过程中总结的农业生产经验以及与之相匹配的风俗习惯都面临着失传的危险，整个龙脊的文化内涵在逐渐"稀释"。总之，在梯田劳作和古聚落乡村生活中形成的民间信仰、民俗风情等非具象的、意识形态方面的遗产已经受到现代化生活的挑战。

各个村寨的开发使得聚落内部的基础设施出现两极分化的现象，并且传统的农耕建筑风貌也遭到了破坏。主景点区由于游客经常参观游览，所以基础设施建设得比较完善，形成了购物、吃、住、游、购现代化一条街。游客鲜至的地方依然是原始的石板路，农田中的土路破损严重，雨天道路湿滑，泥泞不堪，走在上面很容易遇到危险。另一方面，龙脊风景名胜区民居一般是干栏结构，木质外墙，青瓦盖面，两层为宜。随着游客的增多，大多数建筑开始改变，寨内的原始住宅经过改建，成为经济实用的旅店，层高、进深和开间都比传统建筑大，材料采用钢筋混凝土，与传统建筑文化背道而驰，与周围梯田景观格格不入，异常扎眼。此外，私自违规拆建的行为也屡见不鲜。

龙脊古壮寨内与周边环境格格不入的钢筋混凝土建筑（卢勇/摄）

（3）文化遗产保护意识薄弱

龙脊梯田农业文化遗产的保护工作大多停留在梯田景观保护和生态保护的层面上，没有真正全面地开展龙脊梯田农业文化遗产的保护。这种遗产保护意识的缺失表现在长久以来对龙脊梯田的认知仍旧只停留在其经济价值上，忽视了其他多重价值，忽略了与龙脊梯田相关的生态文化与民俗文化的价值与传承，容易造成集体记忆的断裂，难以唤起地方的文化自觉。同时，随着社会经济的快速发展，城市化进程的加快，农业文化遗产更是面临着人为破坏和自然损坏的双重威胁。不少青年人

龙脊居民家中尘封已久的农具（卢勇/摄）

崇尚现代文明，不愿从事农业重体力劳动，不会主动学习龙脊梯田农业生产技术，对传统民间艺术缺乏热情，传统上由父子传承、师徒相袭的文化遗产很可能因为没有好的传承人而失传，使龙脊梯田农业文化遗产的传承也成为严重问题。

龙脊梯田景区入口如潮的游客（卢勇/摄）

（4）景区旅游开发方式单一，经济发展陷入瓶颈期

在同类型的梯田旅游之中，龙脊梯田的开发时间最早，2000年之后进入全面发展时期，其带来的直接旅游收益和第三产业间接经济效益成为本地区收入的主要部分。但是龙脊梯田的旅游方式较为单一，近年来，龙脊梯田挖掘了很多本地农业文化旅游资源，但整体而言，农业旅游资源还没有被深度挖掘，内涵赋予有形无神，形象塑造缺乏张力，没有明确阐释出龙脊梯田农业文化的核心价值、具象等。龙脊梯田旅游品牌知名度与美誉度不太令人满意，创造的经济效益还有很大的提升空间。将游客消费水平和消费结构进行分析，龙脊梯田农业文化产业的旅游发展层次停留在旅游观光上，游客停留时间不长，所获得仅仅是视觉、听觉上的冲击。根据马斯洛的人类需求金字塔理论，接下来的发展目标应该以满足游客自我实现等方面的需求，通过提高龙脊梯田旅游发展层次，从游客的角度促进旅游时间的拉长，也通过这种深层次的旅游方式让游客更多了解龙脊梯田的文化内核。

　　另外龙脊梯田旅游产品开发较为单一，除去特色的地理产品，像龙脊四宝、龙胜凤鸡翠鸭、鸡血玉等，与其他旅游产品而言知名度不高，没有做出龙脊地区应有的特色和文化，难以开拓市场。在龙脊产品产业化方面，龙头企业规模小、辐射带动能力弱，市场化水平较低，导致产品商品率较小。农户与企业之间利益联合机制不紧密，传统的低级加工普遍存在，在高科技方面投入较少，名牌产品数目不太可观。

单调雷同的景区商品（卢勇/摄）

　　旅游产品设计水平不高，地方特色不够突出，产品内容单一，产品设计时代感不强。缺乏具有龙脊梯田特色的如新化竹编等仿古艺术品、民俗产品。缺乏体现创意水平的旅游产品，如高端的文化展示产品、体现科技与文化融合的旅游纪念品等。这一系列问题都要求龙脊梯田在接下来的发展过程中应该深入挖掘龙脊梯田农业文化，以规划为基础，不断完善当地的规章制度，将传统农业文化与旅游活动相结合，完善旅游产业模式。策划品味高、形式丰富，能够反映龙脊梯田地方特色的文化旅游项目。对提升游客的体验、促进景区产业规范化、拓展其他产业的发展有较为重要的意义。

（二）

政府行动，规划龙脊

面对龙脊景区多样的文化遗产与巨大的发展价值，政府已经着手开始梳理、挖掘此地的物质与文化资源，并进行了一系列的实际行动。面对发展中出现的问题，政府也作为"看不见的手"积极谋划解决对策。

（1）进行多方位实地调查，把脉龙脊梯田整体情况

在龙胜县政府的统一部署下，农业、林业、文物、文广等部门全面开展龙脊梯田群的田野调查工作，有关工作人员对龙脊梯田生态系统进行全面普查，登记拍照，建立保护档案，并采取重点保护措施。调查内容包括龙脊梯田中的野生动植物资源数量、古树树龄、梯田占地面积，收集了有关龙脊梯田的传说、民间故事、歌谣、习俗、手工技艺、文化的物质载体的登录与保护等材料。

（2）积极申报农业文化遗产，保护与推广地理标志产品

2013年龙胜县启动广西龙脊梯田农业系统申遗工作，各级领导高度重视，成立了由县长任组长、分管副县长任副组长、各级有关部门主要负责人和有关县政府分管领导为成员的龙脊梯田申遗领导小组，通过多次召开申遗工作交流会，举办有关农业文化遗产保护的培训班，保证了申遗工作的顺利开展。领导小组积极参加农业文化遗产论坛会议、"中华农耕文化展"等各种各样的农业文化遗产活动，通过实物、图片和电视宣传片等手段向外界宣传介绍龙脊梯田群农业系统和其历史悠久、灿烂多彩的龙脊农耕文化，并深入学习和借鉴多个全球重要农业文化遗产保护试点和候选点的宝贵经验。2014年6月，龙脊梯田正式成为广西首个"中国重要农业文化遗产"。

联合国粮农组织专家Slim教授（中）考察龙脊梯田时与本书作者（左
一）在"中国重要农业文化遗产"石碑前留影（张溯/摄）

龙脊梯田申报全球重要农业文化遗产规划书（卢勇/摄）

除了获得国家对龙脊景区农业文化的肯定之外，2013年龙胜县开始积极申报农产品地理标志并实施相关技术推广。经过国家农业部农产品质量安全中心审查和农产品地理标志登记专家委员会的评审，桂林市龙胜各族自治县的"龙胜凤鸡""龙胜翠鸭""龙脊辣椒""龙脊云雾茶"被确认为国家农产品地理标志产品，予以依法保护。此外，龙脊政府通过推广农产品及作物的高山养殖与无公害栽培技术，促进地区作物的品质得到不断的提高。依托各种信息平台，积极推广各类农业科技技术，几年来，已实现了对广大农户的技术培训。

龙脊辣椒中国农业部地理标志农产品证书（卢勇/摄）

龙脊茶中国农业部地理标志农产品证书（卢勇/摄）

（3）开展广交流、深层次活动，实施多方位、立体化宣传

当地政府及相关部门积极组织举办形式多样的节庆和宣传活动，通过活动的辐射把龙脊文化宣传至各地。2012年，县政府举办龙胜首届龙脊国际梯田文化旅游节暨2012年中国·大桂林旅游桂湘原生态风情节。除了大型的交流文化活动，政府积极组织策划与农业生产相关的开耕节、火把节、龙脊金秋旅游文化节等节庆活动。每年端午节期间当地都会举办大型的"龙脊梯田文化节"活动，并举办龙脊梯田征文和摄影比赛，深入挖掘龙脊梯田的农业历史、文化与生态价值、以及龙脊梯田相关的生产技术、加工工艺、人物故事、地方文化、生活习俗等多彩画面。

当地政府实施多方位、立体化宣传，与中央电视台、人民网多次合作，通过纪录片等形式将龙脊梯田的壮美与龙脊人民的朴实精神宣传至国家各个角落。中央电视台《乡土》《为您服务》《综艺快报》等栏目都先后到龙脊梯田拍摄，并对龙脊梯田农业系统进行采访和宣传。

龙脊梯田风景名胜区与时俱进，开通了自己的网站，加强网络营销；并加强与周边景区的合作，实行广告互打、线路互推、游客互送策略，共同达到合作共赢目的。2013年，龙胜县政府委托广西电视台节目组开展《千层天梯上龙脊，美丽龙胜欢迎您》——广西龙胜各族自治县申报全国休闲农业与乡村旅游示范县专题片的拍摄工作，通过多种宣传途径让更多的人深刻了解龙脊梯田这一古老而神奇的农业文化遗产系统。

（4）加强政策引导，通过产业发展强化龙脊景区文化内涵

龙脊政府抓龙脊梯田相关科研，推动当地农产品加工产业发展；抓政策扶持，做大农产品产业规模；抓宣传推介，加强休闲农业及乡村生态旅游建设。依据桂林市农业局对山区特色农业发展要求，龙脊梯田农产品有突出"亮点"项目、产品主要面向华南市场，产品质量由大众化普通产品转变为适应市场多样化需求的无公害产品、绿色产品、有机产品。近年来，已成立了罗汉果农民专业合作社、茶叶专业合作社、龙胜各族自治县农产品购销农民专业合作社等几十个专业合作社。目前龙胜梯田的农产品加工业主要有两个茶叶加工厂，涉及3 000人的生产和收入。此外，梯田地区的大批特色农产品如辣椒、凤鸡、翠鸭、龙脊贡茶、同禾米、同禾水酒、罗汉果、野山菌等为农产品加工及农业产业化经营提供了原料。

龙脊古壮寨生态博物馆外观（龙胜县农业局/提供）

2003年，广西率先探索民族文化"联合体"保护模式，启动广西民族生态博物馆建设工程。遵循"文化保护在原地"的理念保护民族文化，2006年，广西自治区文化厅确定了以龙脊村的侯家、廖家和潘家三个自然村为保护区建设龙胜龙脊壮族生态博物馆。龙脊古壮寨2008年被列入全国古村落名录、2010年获得全国特色景观旅游名村（镇）殊荣，龙脊梯田地区经国家批准已列入我国中西部旅游资源开发与生态环境保护重点项目，是国家级的生态示范区，已形成了集梯田观光、休闲度假、民俗风情体验以及风景资源保护于一体的国家级传统农业系统，龙脊梯田俨然已成为一个"活着"的农业民俗博物馆。

（三）
全面动员，爱护梯田

按照联合国粮农组织（FAO）对全球重要农业文化遗产（GIAHS）保护的要求和国家农业部关于中国重要农业文化遗产保护的要求，龙脊梯田遗产地的发展与保护应该坚持"以保护生态环境完好、保护各民族传统文化、保护梯田良好的生产功能为重点"，在此基础上，通过适度的旅游开发，特色产品的市场化经营，实现自然—经济—社会的良性循环，保持生态生物多样性，帮助当地农民致富。

面对龙脊梯田的传统农业生产及生态景观面临的主要问题，我们需要动员全员加入到龙脊梯田的保护工作中来。龙脊梯田是我们大家共同生活的家园，维护它不单单是政府的责任，更是每一个龙脊人民的职责，所以应该遵循保护与利用的基本原则，更有效地保护龙脊山区人民创造的人与自然和谐发展的生态系统及其共存的生物多样性。保护龙脊梯田山区人民独特的生态环境、各民族传统文化、民俗习惯以及千年延续不断的创造活力，不断丰富龙脊梯田遗产地的资源，以保证这一重要农业文化遗产载体的更新和世代交替。

（1）加强组织机构建设，建立健全法律法规

在县级层面成立龙脊梯田管理机构，全面负责区域内梯田的保护管理和开发利用工作，国土资源、环境保护、住房城乡建设、农业、林业、水利、文化、旅游、等有关部门以及相关乡（镇）人民政府，也应当按照各自职责做好龙脊梯田的保护管理工作。成立由村民自治、村委和村内农民专业合作社共同参与的遗产地保护组织，增加社区居民对保护工作的认识和参与的积极性，实现社区共管。加强相关职能部门与科研院所、媒体、社会居民等相关利益方的信息交流，为龙脊梯田农业文化遗产的保护提供信息网络保障。

健全的法制是有效保护和管理的基础。为了加强对龙脊梯田的保护和管理，龙胜县出台《广西省桂林龙脊梯田保护管理条例》，对龙脊梯田的开发与保护作出详细的要求和规定，包括龙脊梯田重点的保护区域，梯田管理机构的构成及职责，龙脊梯田保护资金的筹措和使用，社区居民的参与，梯田保护区的经营和建设活动，重点保护区范围内水源、林木、水利设施的保护措施以及相关禁令，明确破坏遗产行为的处罚措施，从法律层面保障龙脊梯田农业文化遗产的保护。

（2）拓宽融资渠道，制定具有针对性的优惠政策

各级财政要不断加大资金投入，通过财政贴息、贷款担保和补助等方式，支持龙脊梯田的保护与发展。所筹集的专项资金应用于基础设施

建设、调查研究、宣传教育、产业发展等方面。切实做到加强龙脊梯田范围内山林的维护、水十涵养以及灌溉系统等水利设施的建设与修缮；监测龙脊梯田资源状况并建立档案；组织开展与龙脊梯田相关的科研、展示和宣传教育等活动；支持科学考察、大型娱乐、影视拍摄等项目；支持龙脊梯田重点保护区的梯田承包人保持水稻种植、并对梯田原貌保护较好地给予奖励；奖励在龙脊梯田保护管理工作中做出显著成绩的单位和个人。

为了获得充足的保护资金，促进对龙脊梯田农业文化遗产的保护，遗产地县乡政府要拓宽保护资金的来源，建立多渠道的融资方式，用"资金推动资金"。依靠国家农业政策中对生态产品或特色产业的扶持，同时可以从地方财政中设立龙脊梯田文化遗产保护与发展的专项资金，也可以募集社会资金，包括龙脊梯田地区的企业和农民专业合作社，国家、地方和社会三方共同扶持和保护龙脊梯田地区。

（3）加强遗产地保护科学研究，推广志愿服务活动

龙脊梯田不仅具有生态价值、经济价值、文化价值，其科研价值也是不容小觑。在保护这座壮美的山的时候，继续把这座山当作一本有趣的书研究也是非常必要的。当地政府应该与各个科研院所和高校开展动植物资源、环境科学、农作物栽培、经济开发等方面课题研究，积极开展龙脊梯田农业文化遗产综合科学考察，监测龙脊梯田资源状况，收集、整理龙脊梯田资源相关资料，以此探索合理的保护措施，为科学保护龙脊梯田提供有力依据。

志愿者服务是公民社会责任意识和现代社会文明程度的体现，它会引导人们自觉为周围的人服务，建设和谐社会环境，有利于现代社会对精神文明建设的推动，还可以为民族文化传承注入新鲜血液。龙脊梯田在与高校、高中进行科研合作的同时还可以与当地高等院校进行志愿者服务制度。

首先，应当加强龙脊梯田志愿者服务的组织管理，制订科学、规范的大学生志愿者招募方案，做好志愿者的招募和选拔。运用现代信息技术建立志愿者资料信息库，为志愿者的管理工作提供便利。其次要建立合理的评价与奖励体系。为确保志愿者管理工作的连续性和志愿者服务的有序开展，应当从志愿者服务时间、质量、游客评价等多种角度对志愿者的绩效进行等级的评定，并针对不同等级的志愿者颁发相应的奖

励。发放志愿者服务证书，对其进行表彰，提供实习与工作岗位，对于在志愿工作中表现突出者可适当给予了解体验学习龙脊文化的机会。

（4）加强保护工作的监督检查，明确梯田责任主体

为保证遗产地保护资金安全、合理、有效地使用，督促各个组织机构对龙脊梯田的管理，必须要对部门工作情况和资金管理使用情况进行定期监督检查，确保资金到位、职责到位。重点督查年内重大项目的资金使用情况，督查项目建设和工程质量责任书的落实情况，督查有关单位工程进度和质量情况，督查整改措施的效果状况。如果相关措施效果甚微应督促相关职能部门限期解决。

监督不只是政府部门的工作，还可开通居民监督渠道，让民众参与到整个龙脊景区的管理和维护之中。龙脊地区的乡民是世世代代生活在这里的主体，也是整个文化遗产里的一分子，失去了他们的热情，我们的文化遗产会大打折扣。所以相关政府部门应该看到普通寨民的经验和智慧，让寨民不但能够参与到龙脊景区的开发建设中，还可以获得合理公平的利益分配。

对于龙脊梯田的维护，政府应该作为"领头羊"，本着"谁开发谁治理，谁污染谁保护"的原则带领旅游公司、投资者和乡民共同进行维修与管理，离开了哪一方整个工作都会有所偏颇，因为三方利益主体各有所长。旅游公司和投资者提供资金和设备，辅助寨民们深入到各个毁坏点进行维修，各方通力合作，共同将这座壮美的山铸成永恒的文化符号。

（5）完善文化遗产传承制度，提高村民的文化遗产保护意识

龙脊梯田的农业文化资源非常丰富，但是其"传承何处"的问题不容忽视，为了龙脊梯田的长远建设与发展，为了对其非物质遗产进行保护，必须做好活态文化遗产传承工作。首先，做好传承人选拔工作。把培养选拔青年传承人作为重要任务，使各级非物质文化遗产传承人形成科学的年龄结构，保障文化遗产的保护与传承。用现代科学技术丰富文化遗产的保护方式，提高传承能力和传承效度。省内高等院校安排各类传承人进入课堂授课，使学生们了解和学习文化遗产，与文化遗产传承人进行交流活动。开展民俗文化进校园、公共媒体等特色活动。其次，有关单位要对传承人的传统技艺进行保护，充分运用现代技术做好记

录，并建立数据库。最后，完善遗产传承人制度，设立非物质文化遗产传承点，并由相关部门授牌，开展相关项目的民俗活动，生产相应的民俗产品，让这些技艺能走出龙胜，飞入大众的视野，让这一传统工艺被更多人所了解。

在进行志愿工作时，政府工作人员应该积极培养当地村民的自觉保护意识。有了这种"主人翁"的自觉保护意识，村民就不会随意拆建旧居，以传统的自然的农业生产和生活方式为荣。政府应该从文化素质教育、道德培养、法律法规制定、宣传、物质与非物质激励等多个方面入手，提高村民对农业文化，对传统村落价值的认识。确立村民在梯田遗产保护中的主体意识及其能动性，转变村民意识形态，保护传统工艺的

龙脊壮族生态博物馆旁附设的民族文化传习中心（卢勇/摄）

龙脊景区民俗风情展示图（卢勇/摄）

发展。通过龙脊梯田景区的开发，为村民创造收益，使外出的年轻人回流，有助于提高龙脊梯田农产品效益、传统农耕技术的继承与民族文化的传承。

（6）利用市场推广开辟龙脊发展新局面

现在是自媒体时代，龙脊的宣传推广应该紧紧抓住这个机会，充分利用新媒体技术，打开龙脊发展新局面。与新媒体合作，开通公众微信号、微博等对景区进行推广与营销，制造一些新闻热点对景区进行宣传。第二，发展电子商务，充分挖掘和利用龙脊梯田遗产巨大的生态与文化资源优势及其产业化发展潜力，充分利用市场的力量进行龙脊梯田遗产的动态保护，大力开展生态质量附加值优势产品开发和文化质量附加值特色产品开发，让龙脊梯田特产进入"寻常"百姓家，让更多的人能吃到原汁原味的梯田农产品。促进有机农业生产，发展可持续旅游，积极探索与实施多元化的生态与文化保护补偿机制，注重有机农业生产、旅游发展与生态补偿之间的相互促进，用有机的产品和生产方式来提升旅游吸引力，将景区发展与产品生产结合，实现以市场为依托的生态补偿，从而通过增加当地农户家庭就业机会和现实收益，提高梯田区村民持续投入龙脊梯田遗产文化保护的积极性和创造性，实现龙脊梯田

丰富多彩的龙脊茶产品（卢勇/摄）

的内涵式持续发展。

我们应该意识到，农业遗产地生态旅游和有机农业的发展及生态补偿是农业文化遗产保护的主要途径，因此应当坚持遗产保护与经济社会协同发展，科学性地对梯田进行保护，协调政府管理与社会参与，让龙脊梯田这一人类宝贵重要农业文化遗产得以永续发展、大放光芒！

附录

广西龙胜龙脊梯田系统

旅游资讯

（一）
游在龙胜

龙脊梯田所处的龙胜各族自治县，隶属于广西壮族自治区桂林市，位于自治区东北部，地处越城岭山脉西南麓的湘桂边陲，是湘西南、黔东南与四川进入广西之咽喉与物资集散地。

龙胜旅游资源丰富，有"天下一绝"的国家一级景点龙脊梯田景观，有位于国家级森林公园、省级旅游度假区内的堪称"华南第一泉"的温泉，还有距离旅游中心城市最近、并被列为国家级自然保护区的花坪原始森林保护区等。

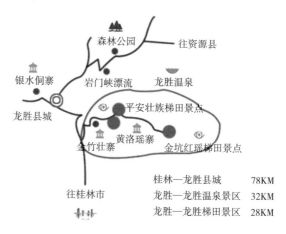

龙脊梯田周边主要景区示意图（毛竹/制作）

交通条件：县城龙胜镇与自治区首府南宁市直线距离371千米，公路里程531千米。与桂林直线距离63千米，公路里程87千米。距离桂林两江国际机场50千米，广州至成都的国道321线从龙胜境内通过，交通便利。

1. 银水侗寨

银水侗寨位于龙胜县城西1.5千米处，勒黄小三峡之中，是一座展现侗族民风民貌的古老村落。因寨落旁边有山泉瀑布似银链般倾斜而下，故称为"银水侗寨"。

银水侗寨（龙胜县政府/提供）

银水侗寨始建于唐宋年间，侗人吴氏家族迁入此处，在这里安居乐业，繁衍生息。清乾隆三年（公元1738年），银水侗寨第八十二代寨主吴金银因不堪忍受官府的压榨欺凌领导侗民起义，清乾隆六年（公元1741年）起义军抗争了三年之后被清兵镇压，吴氏族人远走他乡，银水侗寨辉煌不再，渐趋凋零。1993年，在县政府的支持下，重新修复了银水侗寨，这个古老的侗寨逐渐恢复了以往的繁盛景象。

跟黄洛瑶寨一样，进入银水侗寨首先要过桥，不过他们的桥不同于瑶寨的索桥，是风雨桥。风雨桥是侗族独有的桥，由石墩、木质桥身、瓦片构成，木质部分全靠凿榫衔接，因行人往来于其间可以遮蔽风雨，故称之为"风雨桥"。风雨桥与鼓楼、侗族大歌并称为"侗族三宝"。

银水侗寨的青年男女歌舞
（龙胜县政府/提供）

跨过风雨桥，一般就会遇到身着侗族衣衫的当地人。侗族妇女一般穿无领上衣，下身着百褶裙或裤装。衣服颜色多以蓝、黑色为主，侗族妇女会在衣襟、袖口、衣角和裙角处镶上花边。服装都为侗族妇女手工缝制而成，他们会在蓝、黑布上用蛋清、牛皮胶浆染，反复捶打，晒干后制成具有特殊光泽的"亮布"，这种布不仅好看，还保暖、防水、透气，也不易被树枝划破。

银水侗寨的多彩服饰让其歌舞文化更为独特灿烂。来到银水侗寨，你可以欣赏到侗家传统的侗歌、钝刀舞、芦笙舞等。侗族芦笙舞是侗族传统民间舞蹈，本是祭祀的仪式性舞蹈，发展到现在变成了农闲和节庆时候青年男女参加的自娱性求偶舞蹈，称之为"踩堂"。踩堂舞是大型民间舞蹈，女子动作优美，或旋转，或左右摆动。整场舞既壮观又质朴，小伙子们刚健有力，少女则优美轻盈，一刚一柔，跳出了侗家人热情、淳朴、自然的爱情观。

在银水侗寨内部，树木郁郁葱葱，气候凉爽，空气清新，来到这世外桃源，不仅能体验到侗家风俗，欣赏到侗家歌舞，还能品尝到侗家的米酒、酸鱼、糯米饭等传统美食，寨子里充满了独特热情的侗家风情。

2. 南山牧场

提到龙胜，大家第一时间想到壮美的梯田，其实这里还藏有一片引人入胜的草原，有"龙胜屋脊"之称的南山，是一片地势平缓开阔的天然草场，也是龙胜最宽的一片高山平原。在层层叠叠的梯田之中，这片草原别有一番韵味。它位于龙胜北端，与湖南城步南山景区紧紧相连，

南山牧场的牛群（龙胜县政府/提供）

一起被誉为"中国南方的呼伦贝尔"。

这里共有5万亩草场，海拔均在1 500米以上，远远望去，犹如一块镶嵌在湘桂边陲崇山峻岭上的碧绿翡翠，美丽动人。沿着南山公路腾云而上，沿途可以看到这里的树木依傍着溪流蜿蜒地延伸至远方。攀登至高坡之上，恍惚如站在气象万千奔腾变幻的云海之前，令人不觉有一种"会当凌绝顶"的快感。这里气候宜人，冬无严寒，夏无酷暑，除了冬季的几天寒冷外，绝大多数时间温度非常适合居住。因为海拔比较高，所以空气新鲜，加之绿草如茵，风景如画，这里成为集天然牧场、奇风异景、疗养、避暑于一体的旅游风景区。听当地人讲，每年的四、五月份，杜鹃盛开，殷红红的杜鹃花给茵茵牧草镶上美丽的花边，牛群、羊群散布在牧场各处，"天苍苍，野茫茫，风吹草低见牛羊"，蓝天、白云、草地、牛羊构成了一幅和谐的画卷。

在一望无际的牧场上，还有许多蒙古包体验场，有射箭、骑马、篝火晚会等多种体验项目。游客们可以白天体验如《还珠格格》中"红尘作伴""策马奔腾"的畅快；晚上则围绕在篝火旁，边吃着烤全羊，边交流，结识新朋友，酒足饭饱之后，在漂亮的南山姑娘带领下，围着篝火唱歌跳舞，把"共享人世繁华"进行到底。

3. 矮岭温泉

龙胜是我国少数民族密集聚居的地方，素有"万山环峙，五水分流"之说。距龙胜县城以东32千米处，有一处天然温泉，泉水常年喷涌而出，水质澄澈，且温泉的周边环境优静，每年都会吸引很多的游人前来泡温泉。因温泉位于矮岭河边，人们又称其为"矮岭温泉"。

矮岭温泉由地表水渗透、地下水循环和地球内部地热作用产生，共有16个泉口，分上下两个泉群，属于高热矿泉。泉水都是从地下1 200米的深层岩层中涌上来，再通过山岩陡壁喷涌而出。矮岭温泉泉水流量很大，每小时泉口可流出180吨左右的水量，这些水量可容纳50个人一起泡澡。矮岭温泉最初规模只是两个天然形成的石盆，石盆由泉眼处涌落的泉水穿凿而成，分别可容纳五六人沐浴，现在已建设有20多个泉池，水温有的高达58℃，有的池子的水温则只有35℃，水温的高低主要通过温泉旁边一条清澈的小溪流来调节。

有天然氧吧之称的龙胜温泉是龙胜温泉国家森林公园的核心和灵魂。这里森林茂密，水气氤氲，犹如仙境。各种植物散发出的保健因子"芬多精"具有抵御细菌

矮岭温泉云智慧酒店内景（卢勇/摄）

的有益功能，最适合森林徒步、生态温泉浴。

矮岭温泉水温最高的池子是静谧池，水温高达50℃，很少有人能坚持在静谧池中待上5分钟，这也造就了静谧池"静谧"的氛围。人气最高的是水温40℃左右的清源池、清朗池、清新池，这三个池子挨得很近，形成一个小型的温泉群，温度也很适中，且地势较高视野开阔，因此人气最高。如果你喜欢清静，但是惧怕静谧池的高温，那么幽然池不失为一个很好的选择，池水温度45℃，偏高的水温可"吓"退部分游人，池子两面临山，幽静与舒适并存。任何泉池都不能泡太久，一般以十五分钟为宜，否则温度太高会使血液循环加快，从而增加心脏的负担。矮岭温泉还有适合情侣、朋友、家人一起泡的静雨池，也有添加了传统中药的药浴池，专供孩子嬉戏玩耍的儿童戏水池，用来进行游泳运动和比赛的温水游泳池等。

矮岭温泉还可以在直接饮用，水中富含锂、锶、锌、铁、铜、溴化物、碘化物、偏硅酸、游离二氧化碳和溶解性总固体等十余种有益于身体的微量元素，具有抗衰老、软化血管的的一定功效。经常饮用和泡浴矮岭温泉能调整神经、恢复平衡，对神经痛、关节炎、风湿痛、痔疮等具有较好的辅助治疗作用、

早在很久之前，温泉就已经被当地寨民们发现和使用，在龙胜的旧县志中就有关于矮岭温泉的记载。但是直到1980年，矮岭温泉才开始投资修建浴池，进行全面升级，先后建成有四星级的温泉度假中心和五星级的SPA酒店以及风景绝佳的云智慧酒店。温泉

可以喝的矮岭温泉（卢勇/摄）

造访矮岭温泉酒店的猴子（赵芬艳/摄）

旁边不远的白面瑶寨和毗邻温泉的螃蟹沟也各具特色，农家土菜鲜香可口，值得一游，但是要小心调皮的猴子过来骚扰。

4. 彭祖坪自然保护区

龙脊的复杂的地势和季风性气候条件养育了多样化的物种，加之龙脊先民注重人与自然和谐生存，因此生物种质资源丰富，生物多样性明显，需要着重保护与研究。彭祖坪自然保护区作为当地的"小黄山""小小兴安岭"，地貌复杂，山峦起伏，沟壑纵横，集险峻与秀美为一体，是一个自然资源和文化资源都极为丰富的自然保护区。

彭祖坪自然保护区位于马堤乡境内，地处南山之麓，距离龙胜县城45千米，原先是一处人迹罕至的原始森林，最低海拔约1 350米，最高山脉大白山海拔1 675.9米。林区内有三大奇观，树林生长奇观、瀑布奇观和彭祖佛光奇观。自然景区内很多珍稀树种，猴头杜鹃、红豆杉、五针松、福建柏、长苞铁杉等，它们或生长在陡峭的山脊上，或攀附于岩壁处，或落根于峰顶，树形奇特，千姿百态，扎根地也是令人咋舌。彭祖坪有一奇瀑，人称之为"山丝瀑布"，在地势高处有一股溪流，在山崖处倾泻而下，突兀的山石将溪流"打破"，水流分散似水雾般洒下，水的包容和坚韧的精神一览无余。瀑布奇观还有红头瀑布、双层瀑布、鸳鸯瀑布等，各有各的奇特之处。最后一处奇观"彭祖佛光"需要天时地利人和才能看到，在微风和煦，阳光适度，山丝飞流的某个幸运时段，阳光折射瀑布，就会产生了七彩交辉的光环，这就是佛光。如果你所处的位置正好面对太阳背

彭祖坪的采药姐妹（袁建民/摄，龙胜县政府/提供）

对峡谷，在光环中就可能会出现你头像的影像。此时人的头顶正如佛光闪现，神秘壮观。如果你与彭祖坪有缘，那就赶紧体验这山风与阳光的极佳作品吧。

除了自然景观，彭祖坪保护区内还有彭祖老人山、彭祖岩屋、彭祖采药等与彭祖文化相关的景点。彭祖是中国的烹饪鼻祖、气功祖师、长寿始祖等，相传其"长年八百，绵寿永世"。彭祖精通医术，时常上山采药，在一次次的瘟疫中救了无数的当地百姓，人们感念彭祖的恩德，为了纪念他，当地人便将此山称为彭祖岩。

彭祖坪地区的少数民族为苗族，主要分布在龙家"大梁"西侧的芙蓉河流域，包括东升村、里市村、龙家村，人们讲苗话，至今仍保留着苗族传统的民风民俗和生活习惯。因彭祖坪自然资源和文化资源都极为丰富，当地政府正建设广西桂林彭祖坪原始森林生态养生旅游项目，争取将其建设成集生态旅游、绿色度假、彭祖长寿文化、高山运动休闲、生态知识与科普教育、民族风情体验为一体的养生生态休闲度假区。

5. 花坪国家级自然保护区

在广西桂林龙胜、临桂两县的交界处，还有一个国家级的自然保护区——花坪国家级自然保护区。1961 年花坪自然保护区成立，是广西最早成立的自然保护区，在1978年又晋升成为国家级自然保护区，花坪是广西最早的同时也是中国第四个国家级自然保护区。

花坪有"中国的花坪，世界的银杉"之称，因为在这里首次发现了银杉，当时引起了世界植物界极大的轰动。银杉为古老的孑遗植物，该种的花粉在欧亚大陆第三纪沉积物中发现，对研究松科植物的系统发育、古植物区系、古地理及第四纪冰期气候等均有较重要的科研价值。被称为"活化石""植物中的大熊猫"，现为中国"国家一级保护植物"。那么银杉是怎么被发现的呢？

花坪保护区内的银杉
（龙胜县政府/提供）

1955年5月16日，中国植物学家钟继新教授带队来到花坪红岩山麓考察，在海拔1 400米的悬崖峭壁上发现了一株外形有些像杉树、又有些像松树的怪树，当地人称之为"杉霸公"。1956年的春天，钟继新教授将采集到的"杉霸公"的球果等标本送到北京，经著名植物学家陈焕镛、匡可任教授鉴定确认这是一个此前未被发现的新树种。由于其叶片形状与杉树叶片相似，叶片背面有两条平行的银白色气孔带，就将其命名为"银杉"。因为龙胜独特的地理环境使得银杉免受冰川的侵害，得以在中国生长存活。德国、波兰、法国及苏联等国家都发现过银杉的化石，此后的50多年时间里，科研人员在花坪自然保护区内发现了1 000多棵银杉，而自1979年以后，在中国的湖南、重庆和贵州等地也陆续发现了银杉的踪迹。

保护区的主要保护对象除珍稀孑遗植物银杉之外，还有其他珍稀濒危野生动植物资源及典型常绿阔叶林生态系统。国家Ⅰ级保护植物南方红豆杉、伯乐树等，包括金雕、林麝、豹、白颈长尾雉四种国家Ⅰ级保护动物在内的39种国家重点保护野生动物，甚至有人认为当地可能还有华南虎存活其中，更加给人无限遐想。除了丰富的生物多样性，保护区内还有原始壮丽的自然景观。保护区地势高低起伏，峰峦叠嶂，沟谷纵横，森林密布，二十多种杜鹃花组成了花的世界，红滩大瀑布、鸳鸯瀑布、小滩瀑布、长明湾瀑布、平水江瀑布、瑶人冲瀑布、红毛河瀑布、孟老关瀑布等瀑布群，因此花坪又被誉为"花的世界，绿的海洋，动物的王国，银杉的故里，瀑布的天堂"。

（二）

吃在龙胜

1. 龙脊淡水鱼生

"侗家不离酸"，侗族人喜食酸，味美独特，而龙脊淡水鱼生则是侗族人爱吃的美食之一。鱼生又称生鱼片，古称鱼脍、脍或鲙，是新鲜的鱼贝类生切成片，蘸调味料食用的食物总称。

鱼生美味的关键在于藠（jiào）头酸水和鱼。调制藠头酸水，要先将洗好的藠头放进坛中，加入盐、酒和水，静置两个月，使其发酵，藠头酸水发酵得好坏直接影响鱼生的口感。现在龙脊淡水鱼生的制作是先选取新鲜的、肉质鲜嫩的活鱼，多为鲤鱼、鲶鱼、青鱼和草鱼等，将鱼肉切成薄薄的一片，鱼肉越薄味道越好。接着往生鱼片中加入鱼香草、酸藠头、生茶油等香料，腌制一段时间即算完成。在食用鱼生时，要事先调制一碗藠头酸水。腌制酸水的原料为藠头，"藠"在古代的正式名称是薤，似韭似葱，地下的鳞茎部分如指头般大小，辛味刺鼻，味道微苦，常被用于制作腌菜。发酵得好坏直接影响鱼生的口感，藠头酸水是鱼生的最佳"伴侣"，当地人无此不可下咽。另外，龙胜人还会在藠头酸水里添加萝卜酸、花生、葱、大蒜、姜丝、辣椒等配料。

鱼生的吃法也因喜好而有所不同。如

中国刺身——龙胜侗家的淡水鱼生
（卢勇/摄）

果喜欢生脆鲜甜口味，只需将鱼片浸泡一到两分钟即可食用，喜欢吃酸一点的则可以把鱼片多浸泡一会，但浸泡的时间不宜超过五分钟，否则鱼片就会过熟，失去鱼生应有的鲜嫩口感。

每年的十月十日（公历）是龙胜县一年一度的鱼宴节，在龙胜瓢里镇举行。在节日当天，主办方会开展一系列诸如江面原始捕鱼、浊水摸鱼、百家鱼宴等活动，游客在观看比赛的同时还能品尝到最新鲜地道的鱼生，独特美味，不可错过。

2. 蕨粑

蕨粑被评选为"龙胜十大风味特色小吃"之一，是龙胜人民非常喜爱的一道菜。蕨粑，即蕨根糍粑，是一种由山上的新鲜蕨根制成的传统食物。蕨粑制作程序较复杂，一般在每年农历九月到次年二月，寨民们会进入山林挖蕨根，回家后将细心挑选出的蕨根清洗晒干后放到石碓里，用木椎舂成糊状。不多时蕨根会出现白色的粉末，这是蕨根的淀粉。淀粉营养价值极高，富含铁、锌、硒等多种微量元素、维生素和氨基酸，食之对人体大有裨益。然后再将蕨根放入桶中清洗，把含有淀粉的水放置一天，把桶中的水倒掉，沉淀在桶底的淀粉会凝结变硬，取出加水调成糊状。之后将蕨根糊倒入放有热油的锅内，摊成薄饼状，两面都煎至黑灰色便可出锅。将蕨粑切成小块，方便食用。食之外脆里糯，极有嚼劲。

龙脊炒蕨粑（卢勇/摄）

蕨粑有多种吃法，在首届广西龙胜民族美食文化节中，就有荷香蕨粑肉丝、香煎蕨粑两道蕨粑美食获奖。蕨粑最流行的吃法是蘸糖吃，一片片切成菱形的蕨粑错落有致地摆在盘中，软糯清甜。

3. 龙胜米粉

龙胜米粉，是当地极富盛名的传统小吃，而且相比较全国到处可见的"桂林米粉"而言更保持了一份难得的乡土气息，可谓"桂林米粉"的正宗。

龙胜地区的米粉由来已久。相传，秦始皇为了统一中国，命屠睢、赵佗等秦朝大将率50万大军前去平定岭南。为了保证有充足的物资粮草供应，也为了方便行军作战，秦始皇又派史禄带领大批工匠和士兵前去修建灵渠。因工匠和士兵大多来自北方，经常吃面食，吃不惯南方的饭菜，导致很多工匠和士兵水土不服，上吐下泻。军中的郎中为了治疗士兵们的水土不服等疾病，便就地采集药草，熬成药汤，与米粉加工成的"米条"混合在一起，既可治病，又能解士兵思乡之苦，这便是桂林米粉的雏形。

桂林米粉经过多年的发展已有很多的种类，除了常见的卤菜粉，还有汤菜米粉、马肉米粉、牛腩米粉、原汤米粉等。卤菜粉在桂林非常受欢迎，而卤菜粉好吃的秘诀就在卤水。将猪肉、猪骨、牛肉、下水（内脏）等放入锅中，加入豆豉、八角、桂皮、甘草、小茴香等香料和三花酒、罗汉果等多种配料，一起熬煮而成。汤菜米粉，又称生菜米粉。将新鲜的猪牛肉片和猪牛下水放入水中煮熟，倒入盛有生青菜和米粉的碗中，再加入胡椒、麻油等调料，味道鲜美异常。马肉米粉在民国初年并不受欢迎，因为马肉味道酸涩。直到1929年，一位姓黄的老板将马肉经腌制或腊制处理后再放入米粉中，马肉米粉于是由涩变香，开始渐渐被众人喜欢。

龙脊米粉口感软滑爽口、香味浓郁，这与它的配菜也有很大的关系。锅烧、叉烧、牛肉、香肠等，都是龙胜米粉的配菜。这些配菜切成片状，方便取食。其中锅烧是炸酥的五花肉。锅烧做起来比较讲究，选肉要选择猪脖子的刀口肉，带皮又肥瘦兼备。先将猪肉清水煮透，再用细竹签在肉皮上均匀地插刺，这样抹上的由盐、糖、五香粉、酱油等制成的酱料能够完全入味。腌制晾干后，将猪肉放入冷油锅中用小火炸制，做好的锅烧表皮金黄酥脆，吃起来外酥内嫩，肥而不腻，香嫩爽滑。当地人去评判一碗米粉正不正宗，除了看卤水外，还会去观察锅烧做得是否香脆，所以当地人称锅烧为"藏着卖"的配菜。

量大味足的龙脊米粉（沈雨珣/摄）

4. 龙脊腊肉

走在龙脊的寨子里，随处可见被挂起的熏黑的龙脊腊肉。龙脊腊肉是龙脊的一道特色美味，烟熏腊肉煮熟切成片后，色泽鲜艳，透明发亮，肥而不腻，还带有一股独特的烟熏味。

龙脊腊肉（沈雨珣/摄）

腊肉以自家养的土猪肉为原料，选取带皮五花肉，切成条状，放入桶内，加入盐、黑胡椒、丁香、香叶、茴香等香料，倒入白酒，腌制半月后，挂在通风处风干。当地寨民会在木楼旁放置一个铁质的炉子，风干的腊肉直接用绳子栓在炉火上方，这样当地人每天烧火做饭，炉火自然地就把腊肉熏干。腊肉完全干透之后，表面会变得又干又硬，颜色也变黑，将腊肉存放在干燥的地方，蚊虫不近，可以保存很久而肉质不变，香味不散，连三伏天也不用怕。龙脊腊肉是龙脊一大特色，是一道接地气的美食，特别是配上龙脊干辣椒，鲜爽异常。龙脊腊肉不易变质且容易携带，所以也是户外美食的好选择。

因为腊肉在烟熏时所用的柴草种类很

多，据说有上百种，各种草木的香味在烟熏的过程中渗透到了腊肉中，所以当地人也称龙脊腊肉为"百柴熏肉"。注意！烟熏腊肉虽好吃且健脾开胃，但也不宜多食，特别是老人和患有胃肠疾病的人群最好不要食用。

5. 竹筒饭

跟龙脊腊肉一样，竹筒饭也是制作简单、广泛而又美味的家常菜肴，竹筒饭是每个龙脊人童年的回忆，米饭用竹子代替锅来煮，煮熟之后不但有米饭的甜香还有竹子清新淡雅之味。

"竹筒"与"饭"的组合才叫竹筒饭，首先要去山上找新鲜、青青翠翠的竹子，然后选取两头都有竹节的竹筒，长约35厘米，作为竹筒饭所用的"饭盆"，其中

龙脊寨民现场制备竹筒饭（卢勇/摄）

香气四溢的竹筒饭（沈雨珣/摄）

一头留一段竹片做竹把，并在有竹把的那一头的竹节上凿一个小孔。再将事先用泉水泡好的糯米和腊肉、干笋、木耳、红薯等配料混合后一起从小孔灌进竹筒内，灌至约竹筒的¾处，再用红薯塞紧小孔，用鲜叶子将筒孔盖住，接着就可以烤竹筒饭了。前面提到龙脊腊肉制作必不可少的一个物件是炉子，其在木桶饭制作过程中同样必不可少。将竹筒倾斜地摆在炉子的铁架上，小火慢慢烤，用木炭或竹木烧火，不时地用竹把反复翻转竹筒。约三四十分钟后，等到竹筒颜色由青绿色变成黑色，里面的糯米就熟透了，一份飘香四溢的竹筒饭就做好了。

在烤竹筒饭时，竹筒本身的水分会渐渐地渗透进糯米饭内，使糯米饭除了本身的香糯外，还有淡淡的竹叶清香，配上当地新鲜的干笋、木耳、红薯等食材，滋味比普通米饭更值得细细品味，因此竹筒饭深受游人的喜爱。

6. 虫屎茶

说起虫屎茶，其名字虽难登大雅之堂，但是上至中央电视台，下至龙胜的娃娃们都知道这茶，这是苗族、瑶族等少数民族非常喜欢饮用的特种茶。那么大家肯定会好奇，这茶为什么取名为虫屎茶呢？对茶叶有所研究的人都知道，茶的分类依据是制作工艺的差别，毫无例外，虫屎茶的命名也与它的制作工艺有关。

过去当地老百姓在制茶时，将野藤、茶叶和换香树等枝叶堆放在一起，这样非常容易引来小黑虫，当这些小黑虫吃完堆在一起的枝叶后，留下来的只有比黑芝麻还小的粒状虫屎和部分残余茎梗。用筛子去残渣，取其虫屎美其名曰"龙珠"，这就是最初的虫屎茶，因此也叫"龙珠茶"。

龙胜虫屎茶（卢勇/摄）

现代制作虫屎茶的方法更加雅致。每年谷雨前后，当地老百姓就上山采集野生的化香树、三叶海棠、大白榭的树叶，混杂一些苦茶的叶子，放在竹篓或木桶里面自然发酵，即可引来许多化香夜蛾和米黑虫来取食、产卵。当这些虫子吃完了植物叶片，便排出许多细小如珠的粪粒，人们随后用筛子把杂渣去掉，利用阳光晒干。最后在180℃的铁锅里炒上20分钟，再加上蜂蜜、茶叶制成，这也是跟湘西城步的虫茶最主要的区别。

虫屎茶的药用价值很高，明朝李时珍《本草纲目》中就有记载。虫茶是一种很

龙胜虫屎茶茶汤（卢勇/摄）

好的医药保健饮料，具有清热、去暑、解毒、健胃、助消化等功效，对腹泻、鼻衄、牙龈出血和痔出血均有较好疗效，是热带和亚热带地区的一种重要的清凉饮料。从清代乾隆年间起，虫茶就被视为珍品，每年定期向朝廷进贡。

虫屎茶的冲饮方法也与众不同，先倒入刚煮沸的开水，轻轻放入十几颗黑褐色的虫茶（不可多，否则茶味太酽），盖好杯盖。只见虫茶先飘浮在水面上，慢慢吸足水分，缓缓自旋打转，并徐徐释放出一缕缕红血丝般的茶汁，随后茶粒呈旋转状下沉。几分钟后，整杯茶呈清澈透亮的鲜红褐色，此时饮用最好。

各地虫屎茶的差别

虫屎茶又名"龙珠茶"，是生活在广西、湖南、贵州三省区交界处的苗族、瑶族等少数民族喜欢饮用一种特种茶。湘西城步的苗、瑶、侗族，也有制作虫茶的习惯。台湾南投县的茶园，专门让一种叫卷叶虫的茶虫啃食，培养出大量卷叶虫后，再收集它们的粪便做成虫屎茶，外销英国，而且价格不菲，台湾虫屎茶的价格是以黄金价格来计算。广西桂林地区的龙脊地区的虫茶与湘西、台湾相比有所不同。一是原料不光用茶叶，还要加入大白榭和化香树的嫩叶，以及一种有香味的野生藤。而且不浇米汤水，让它自然发酵。其原因可能是广西比湘西气候炎热得多，藤叶容易发酵的缘故。二是茶虫排出的粪便，晒干之外，还要经过加工，用铁锅炒过后，加入蜂蜜与少量茶叶，喝起来清新雅致，不似湘西地区的虫屎茶自然粗犷。

7. 国礼鸡血玉

喜爱玉石的人都知道鸡血玉色泽鲜红，质地细密，光泽温润，资源稀缺，是非常有收藏价值的玉石，主要分布在浙江省上溪乡和广西龙胜。鸡血玉发现得很晚，是一种新的玉种，虽然从发现至今也就十几年的时间，但是鸡血玉的知名度却在逐渐扩大，曾多次作为国礼赠送给外国友人。

鸡血玉主要产自桂林龙胜县，是一种石英岩、玉髓和赤铁矿的集合体，以鸡血红为主色调的碧玉岩。桂林鸡血玉的颜色丰富，有白色、黄色、绿色、紫色等，但以红色和黑色为主。其中红色也分为浅红、橙红、枣红、棕红等，层次丰富，红色主要与石头中铁离子有关，铁离子的含量越高，则红色调越深。因为颜色有深有浅和结构的不同，造就了鸡血玉多变的纹路，再衬上黑色、白色、金色等的底色，构成了一幅幅美丽的抽象画。众所周知，鸡血石因为矿石产量有限，极其稀少，所以价格非常高，并且还有不断上涨的空间，一块上好的鸡血石可以卖到上千万元。而鸡血玉作为玉石新品种，目前价格还有升值空间。

桂林鸡血玉原来民间称其为"桂林红碧玉""桂林鸡血红碧玉""龙胜红碧玉"等，那个时候鸡血玉还没有被大众熟知。2000年，一位叫黄艺麟的玉石收藏家在广州的一个玉石交易市场，第一次见到了鸡血玉。凭借多年的经验，黄艺麟认定当时只是作为观赏石的鸡血玉有市场前景，并在2004年出版了第一本介绍"鸡血玉"的图册《镇宅之宝》。后来黄艺麟跟广西玉石收藏家唐正安先生交流了鸡血玉的看法。2005年，唐先生邀请地质专家、石文化理论家张家志教授前往龙胜实地考察，首次提出了对"鸡血玉"的鉴评意见："'桂林鸡血玉'形成于8～10亿年前，'鸡血玉'中的红色是由特别稳定而且对人体健康大有裨益的铁离子形成的，质硬（其硬度6.5至7度）而坚韧、细密、凝润。"2006

鸡血玉原石（龙胜县政府/提供）

藏家收藏的鸡血玉印章（卢勇/摄）

年，中国宝玉石检测中心和专家作出了"鸡血玉"的评估意见："'桂林鸡血玉'不易磨损，不怕酸碱侵蚀永不变色，这些都优于传统的'鸡血石'，具有很好的雕琢加工特性、观赏价值、收藏价值和巨大的经济价值。"

2012年在第九届中国—东盟博览会上，鸡血玉第一次作为"国礼"送给了东盟各国领导人。时隔三年，在2015年的第十二届中国——东盟博览会上，龙胜的鸡血玉产品——虹玉神枕作为"唯一指定睡眠养生产品"再次作为"国礼"送给外国贵宾。

附录2 大事记

新石器时代

龙胜县境内出现水稻种植。

秦汉时期

龙胜区域内出现梯田耕作原型。

南北朝

永初元年（420年），龙胜境从武陵郡镡成县地划属始安县地，县治桂林。

唐

龙朔二年（662年），置灵川县，龙胜境属灵川县地，龙脊梯田开始修建。

五代

后晋天福八年（943年），置义宁县，龙胜属之。

宋

北宋初年（962—970年），瑶族大量入境。

北宋天圣二年至嘉祐五年（1024—1060年），黔湘侗族大量迁入县境北部地区，梯田进入大规模开发阶段。

南宋乾道年间（1165—1173年），靖江府（桂林府）招抚瑶族52位首领归顺。

元明

元天顺元年（1328年），苗族由湘西迁入县境东北的伟江周水。

明万历年间，廖家等现龙脊居民始祖从庆远府，即今河池宜州，迁徙来到龙脊，更大规模的梯田开始开筑。

清

康乾时期，潘、陈、侯、蒙、韦等姓人家迁居而来，力量逐渐增大，继续开筑而形成宏大雄浑的梯田群。

乾隆六年（1741年），划义宁县辖西北地区置"龙胜理苗分府"，也称龙胜厅，直属桂林府。

清嘉庆及道光时期，龙脊梯田达到现有规模。

中华民国

民国元年（1912年），龙胜厅改名龙胜县，仍属桂林府。

中华人民共和国

1949年11月22日，龙胜全境解放。

1951年8月19日，龙胜实行民族区域自治，改称"龙胜各族联合自治区"（县级）。

1954年6月，在平等村成立第一个初级农业生产合作社。

1955年3月，在花坪林区发现了稀有树种——银杉，引起世界植物界的巨大轰动。

1955年9月，改称"龙胜各族联合自治县"。

1956年12月，改称"龙胜各族自治县"，是中南地区成立的第一个民族自治县。

1978年3月1日，经国务院批准成立花坪国家级自然保护区。

1983年，龙胜县猕猴桃制品厂生产的猕猴桃晶获自治区百花奖，并参加世界第39届博览会展销。

2002年，因全村100名妇女全部留长发，其中60名妇女的长发超过1米，最长的头发约为1.7米，黄洛瑶寨获上海大世界基尼斯颁发的"群体长发女之最"证书。

2007年11月2日，龙脊梯田景区获中国乡村旅游飞燕奖，中国乡村旅游最佳自然景观奖。

2007年，金坑大寨梯田获中国"经典村落景观"称号，金竹壮寨获"中国景观村落"称号。

2009年8月，龙胜凤鸡、翠鸭获国家畜禽遗传资源委员会确认为地方特有新物种。

2010年12月21日，龙胜龙脊梯田景区被评为国家AAAA级旅游景区。

2011年9月13日，龙胜凤鸡获"国家地理标志农产品"认证。

2011年11月，和平乡大寨村获"广西休闲农业十佳名村"称号。

2012年6月，龙胜县举办首届龙脊梯田文化节。

2012年8月3日，龙胜翠鸭获"国家地理标志农产品"认证。

2013年4月15日，龙脊辣椒获"国家地理标志农产品"认证。

2014年6月12日，"广西龙胜龙脊梯田系统"被中华人民共和国农业部列评为"中国重要农业文化遗产"。

2015年7月22日，龙脊茶获"国家地理标志农产品"认证。

2016年6月，龙脊梯田正式启动申报全球重要农业文化遗产（GIAHS）工作。

1. 全球重要农业文化遗产

2002年，联合国粮农组织（FAO）发起了全球重要农业文化遗产（Globally Important Agricultural Heritage Systems, GIAHS）保护项目，旨在建立全球重要农业文化遗产及其有关的景观、生物多样性、知识和文化保护体系，并在世界范围内得到认可与保护，使之成为可持续管理的基础。

按照FAO的定义，GIAHS是"农村与其所处环境长期协同进化和动态适应下所形成的独特的土地利用系统和农业景观，这些系统与景观具有丰富的生物多样性，而且可以满足当地社会经济与文化发展的需要，有利于促进区域可持续发展"。

截至2017年3月底，全球共有16个国家的37项传统农业系统被列入GIAHS名录，其中11项在中国。

全球重要农业文化遗产（37项）

序号	区域	国家	系统名称	FAO批准年份
1	亚洲	中国	中国浙江青田稻鱼共生系统 Qingtian Rice–Fish Culture System, China	2005
2			中国云南红河哈尼稻作梯田系统 Honghe Hani Rice Terraces System, China	2010
3			中国江西万年稻作文化系统 Wannian Traditional Rice Culture System, China	2010

续表

序号	区域	国家	系统名称	FAO批准年份
4	亚洲	中国	中国贵州从江侗乡稻–鱼–鸭系统 Congjiang Dong's Rice–Fish–Duck System, China	2011
5			中国云南普洱古茶园与茶文化系统 Pu'er Traditional Tea Agrosystem, China	2012
6			中国内蒙古敖汉旱作农业系统 Aohan Dryland Farming System, China	2012
7			中国河北宣化城市传统葡萄园 Urban Agricultural Heritage of Xuanhua Grape Gardens, China	2013
8			中国浙江绍兴会稽山古香榧群 Shaoxing Kuaijishan Ancient Chinese *Torreya*, China	2013
9			中国陕西佳县古枣园 Jiaxian Traditional Chinese Date Gardens, China	2014
10			中国福建福州茉莉花与茶文化系统 Fuzhou Jasmine and Tea Culture System, China	2014
11			中国江苏兴化垛田传统农业系统 Xinghua Duotian Agrosystem, China	2014
12		菲律宾	菲律宾伊富高稻作梯田系统 Ifugao Rice Terraces, Philippines	2005
13		印度	印度藏红花农业系统 Saffron Heritage of Kashmir, India	2011
14			印度科拉普特传统农业系统 Traditional Agriculture Systems, India	2012
15			印度喀拉拉邦库塔纳德海平面下农耕文化系统 Kuttanad Below Sea Level Farming System, India	2013

序号	区域	国家	系统名称	FAO批准年份
16	亚洲	日本	日本能登半岛山地与沿海乡村景观 Noto's Satoyama and Satoumi, Japan	2011
17			日本佐渡岛稻田-朱鹮共生系统 Sado's Satoyama in Harmony with Japanese Crested Ibis, Japan	2011
18			日本静冈传统茶-草复合系统 Traditional Tea-Grass Integrated System in Shizuoka, Japan	2013
19			日本大分国东半岛林-农-渔复合系统 Kunisaki Peninsula Usa Integrated Forestry, Agriculture and Fisheries System, Japan	2013
20			日本熊本阿苏可持续草地农业系统 Managing Aso Grasslands for Sustainable Agriculture, Japan	2013
21			日本岐阜长良川流域渔业系统 The Ayu of Nagara River System, Japan	2015
22			日本宫崎山地农林复合系统 Takachihogo-Shiibayama Mountainous Agriculture and Forestry System, Japan	2015
23			日本和歌山青梅种植系统 Minabe-Tanabe Ume System, Japan	2015
24		韩国	韩国济州岛石墙农业系统 Jeju Batdam Agricultural System, Korea	2014
25			韩国青山岛板石梯田农作系统 Traditional Gudeuljang Irrigated Rice Terraces in Cheongsando, Korea	2014
26		伊朗	伊朗喀山坎儿井灌溉系统 Qanat Irrigated Agricultural Heritage Systems of Kashan, Iran	2014

续表

序号	区域	国家	系统名称	FAO批准年份
27	亚洲	阿联酋	阿联酋艾尔与里瓦绿洲传统椰枣种植系统 Al Ain and Liwa Historical Date Palm Oases, the United Arab Emirates	2015
28		孟加拉	孟加拉国浮田农作系统 Floating Garden Agricultural System, Bangladesh	2015
29	非洲	阿尔及利亚	阿尔及利亚埃尔韦德绿洲农业系统 Ghout System, Algeria	2005
30		突尼斯	突尼斯加法萨绿洲农业系统 Gafsa Oases, Tunisia	2005
31		肯尼亚	肯尼亚马赛草原游牧系统 Oldonyonokie/Olkeri Maasai Pastoralist Heritage Site, Kenya	2008
32		坦桑尼亚	坦桑尼亚马赛游牧系统 Engaresero Maasai Pastoralist Heritage Area, Tanzania	2008
33			坦桑尼亚基哈巴农林复合系统 Shimbwe Juu Kihamba Agro-forestry Heritage Site, Tanzania	2008
34		摩洛哥	摩洛哥阿特拉斯山脉绿洲农业系统 Oases System in Atlas Mountains, Morocco	2011
35		埃及	埃及锡瓦绿洲椰枣生产系统 Dates Production System in Siwa Oasis, Egypt	2016
36	南美洲	秘鲁	秘鲁安第斯高原农业系统 Andean Agriculture, Peru	2005
37		智利	智利智鲁岛屿农业系统 Chiloé Agriculture, Chile	2005

2. 中国重要农业文化遗产

我国有着悠久灿烂的农耕文化历史，加上不同地区自然与人文的巨大差异，创造了种类繁多、特色明显、经济与生态价值高度统一的重要农业文化遗产。这些都是我国劳动人民凭借独特而多样的自然条件和他们的勤劳与智慧，创造出的农业文化的典范，蕴含着天人合一的哲学思想，具有较高的历史文化价值。农业部于2012年开始中国重要农业文化遗产发掘工作，旨在加强我国重要农业文化遗产的挖掘、保护、传承和利用，从而使中国成为世界上第一个开展国家级农业文化遗产评选与保护的国家。

中国重要农业文化遗产是指"人类与其所处环境长期协同发展中，创造并传承至今的独特的农业生产系统，这些系统具有丰富的农业生物多样性、传统知识与技术体系和独特的生态与文化景观等，对我国农业文化传承、农业可持续发展和农业功能拓展具有重要的科学价值和实践意义"。

截至2017年3月底，全国共有62个传统农业系统被认定为中国重要农业文化遗产。

中国重要农业文化遗产（62项）

序号	省份	系统名称	农业部批准年份
1	北京	北京平谷四座楼麻核桃生产系统	2015
2		北京京西稻作文化系统	2015
3	天津	天津滨海崔庄古冬枣园	2014
4	河北	河北宣化城市传统葡萄园	2013
5		河北宽城传统板栗栽培系统	2014
6		河北涉县旱作梯田系统	2014
7	内蒙古	内蒙古敖汉旱作农业系统	2013
8		内蒙古阿鲁科尔沁草原游牧系统	2014
9	辽宁	辽宁鞍山南果梨栽培系统	2013
10		辽宁宽甸柱参传统栽培体系	2013
11		辽宁桓仁京租稻栽培系统	2015

续表

序号	省份	系统名称	农业部批准年份
12	吉林	吉林延边苹果梨栽培系统	2015
13	黑龙江	黑龙江抚远赫哲族鱼文化系统	2015
14		黑龙江宁安响水稻作文化系统	2015
15	江苏	江苏兴化垛田传统农业系统	2013
16		江苏泰兴银杏栽培系统	2015
17	浙江	浙江青田稻鱼共生系统	2013
18		浙江绍兴会稽山古香榧群	2013
19		浙江杭州西湖龙井茶文化系统	2014
20		浙江湖州桑基鱼塘系统	2014
21		浙江庆元香菇文化系统	2014
22		浙江仙居杨梅栽培系统	2015
23		浙江云和梯田农业系统	2015
24	安徽	安徽寿县芍陂（安丰塘）及灌区农业系统	2015
25		安徽休宁山泉流水养鱼系统	2015
26	福建	福建福州茉莉花与茶文化系统	2013
27		福建尤溪联合梯田	2013
28		福建安溪铁观音茶文化系统	2014
29	江西	江西万年稻作文化系统	2013
30		江西崇义客家梯田系统	2014
31	山东	山东夏津黄河故道古桑树群	2014
32		山东枣庄古枣林	2015
33		山东乐陵枣林复合系统	2015
34	河南	河南灵宝川塬古枣林	2015
35	湖北	湖北赤壁羊楼洞砖茶文化系统	2014
36		湖北恩施玉露茶文化系统	2015

续表

序号	省份	系统名称	农业部批准年份
37	湖南	湖南新化紫鹊界梯田	2013
38		湖南新晃侗藏红米种植系统	2014
39	广东	广东潮安凤凰单丛茶文化系统	2014
40	广西	广西龙胜龙脊梯田系统	2014
41		广西隆安壮族"那文化"稻作文化系统	2015
42	四川	四川江油辛夷花传统栽培体系	2014
43		四川苍溪雪梨栽培系统	2015
44		四川美姑苦荞栽培系统	2015
45	贵州	贵州从江侗乡稻-鱼-鸭系统	2013
46		贵州花溪古茶树与茶文化系统	2015
47	云南	云南红河哈尼稻作梯田系统	2013
48		云南普洱古茶园与茶文化系统	2013
49		云南漾濞核桃-作物复合系统	2013
50		云南广南八宝稻作生态系统	2014
51		云南剑川稻麦复种系统	2014
52		云南双江勐库古茶园与茶文化系统	2015
53	陕西	陕西佳县古枣园	2013
54	甘肃	甘肃皋兰什川古梨园	2013
55		甘肃迭部扎尕那农林牧复合系统	2013
56		甘肃岷县当归种植系统	2014
57		甘肃永登苦水玫瑰农作系统	2015
58	宁夏	宁夏灵武长枣种植系统	2014
59		宁夏中宁枸杞种植系统	2015
60	新疆	新疆吐鲁番坎儿井农业系统	2013
61		新疆哈密哈密瓜栽培与贡瓜文化系统	2014
62		新疆奇台旱作农业系统	2015